国家出版基金项目
NATIONAL PUBLICATION FOUNDATION

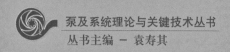

泵及系统理论与关键技术丛书
丛书主编 - 袁寿其

Performance and Optimization Design of Photovoltaic Pumps

光伏水泵运行特性与优化设计

谈明高　刘厚林　吴贤芳　著

江苏大学出版社
JIANGSU UNIVERSITY PRESS
镇 江

图书在版编目(CIP)数据

光伏水泵运行特性与优化设计 / 谈明高,刘厚林,
吴贤芳著. —镇江:江苏大学出版社,2021.4
(泵及系统理论与关键技术丛书 / 袁寿其主编)
ISBN 978-7-5684-1465-4

Ⅰ.①光… Ⅱ.①谈… ②刘… ③吴… Ⅲ.①光伏水
泵—运行特性 ②光伏水泵—最优设计 Ⅳ.①TH38

中国版本图书馆 CIP 数据核字(2020)第 253581 号

光伏水泵运行特性与优化设计
Guangfu Shuibeng Yunxing Texing yu Youhua Sheji

著　　者/谈明高　刘厚林　吴贤芳
责任编辑/李经晶
出版发行/江苏大学出版社
地　　址/江苏省镇江市梦溪园巷 30 号(邮编:212003)
电　　话/0511-84446464(传真)
网　　址/http://press.ujs.edu.cn
排　　版/镇江文苑制版印刷有限责任公司
印　　刷/南京爱德印刷有限公司
开　　本/718 mm×1 000 mm　1/16
印　　张/11
字　　数/205 千字
版　　次/2021 年 4 月第 1 版
印　　次/2021 年 4 月第 1 次印刷
书　　号/ISBN 978-7-5684-1465-4
定　　价/55.00 元

如有印装质量问题请与本社营销部联系(电话:0511-84440882)

泵及系统理论与关键技术丛书编委会

丛书序

泵通常是以液体为工作介质的能量转换机械,其种类繁多,是使用极为广泛的通用机械,主要应用在农田水利、航空航天、石油化工、冶金矿山、能源电力、城乡建设、生物医学等工程技术领域。例如,南水北调工程,城市自来水供给系统、污水处理及排水系统,冶金工业中的各种冶炼炉液体的输送,石油工业中的输油、注水,化学工业中的高温、腐蚀液体的输送,电力工业中的锅炉水、冷凝水、循环水的输送,脱硫装置,以及许多工业循环水冷却系统,火箭卫星、车辆舰船等冷却推进系统。可以说,泵及其系统在国民经济的几乎所有领域都发挥着重要作用。

对于泵及系统技术应用对国民经济的基础支撑和关键影响作用,也可以站在能源消耗的角度大致了解。据有关资料统计,泵类产品的耗电量约占全国总发电量的 17%,耗油量约占全国总油耗的 5%。由于泵及系统的基础性和关键性作用,从中国当前的经济体量和制造大国的工业能力角度看,泵行业的整体技术能力与我国的经济社会发展存在着显著的关联影响。

在我国,围绕着泵及系统的基础理论和技术研究尽管有着丰富的成果,但总体上看,与国际先进水平仍存在一定的差距。例如,消防炮是典型的泵系统应用装备,作为大型设施火灾扑救的关键装备,目前 120 L/s 以上大流量、远射程、高射高的消防炮大多使用进口产品。又如,现代压水堆核电站的反应堆冷却剂泵(又称核主泵)是保证核电站安全、稳定运行的核心动力设备,但是具有核主泵生产资质的主要是国外企业。我国在泵及系统产业上受到的能力制约,在一定程度上说明对技术应用的基础性支撑仍旧有很大的"强化"空间。这主要反映在一方面应用层面还缺乏关键性的"软"技术,如流体机械测试技术,数值模拟仿真软件,多相流动及空化理论、液固两相流动及流固耦合等基础性研究仍旧薄弱,另一方面泵系统运行效率、产品可靠性与寿命等"硬"指标仍低于国外先进水平,由此也导致了资源利用效率的低下。按照目前我国机泵的实际运行效率,以发达国家产品实际运行效率和寿命指标为参照对象,我国机泵现运行效率提高潜力在 10% 左右,若通过泵及系统关键集成技术攻关,年总节约电量最大幅度可达 5%,并且可以提高泵产品平均使用寿命一倍以上,这也对节能减排起到非常重要的促进作用。另外,随着国家对工程技术应用创新发展要求的提高,泵类流体机械在广泛领域应用中又存在着显著个性化差异,由此不断产生新的应用需求,这又促进了泵类机械技术创新,如新能源领域的光伏泵、熔盐泵、LNG 潜液泵,生物医学工程领域的人工心脏泵,海水淡化泵系统,煤矿透水抢险泵系统等。

可见,围绕着泵及系统的基础理论及关键技术的研究,是提升整个国家科研能力和制造水平的重要组成部分,具有十分重要的战略意义。

在泵及系统领域的研究方面,我国的科技工作者做出了长期努力和卓越贡献,除了传统的农业节水灌溉工程,在南水北调工程、第三代第四代核电技术、三峡工程、太湖流域综合治理等国家重大技术攻关项目上,都有泵系统科研工作者的重要贡献。本丛书主要依托的创作团队是江苏大学流体机械工程技术研究中心,该中心起源于 20 世纪 60 年代成立的镇江农机学院排灌机械研究室,在泵技术相关领域开展了长期系统的科学研究和工程应用工作,并为国家培养了大批专业人才,2011 年组建国家水泵及系统工程技术研究中心,是国内泵系统技术研究的重要科研基地。从建立之时的研究室发展到江苏大学流体机械工程技术研究中心,再到国家水泵及系统工程技术研究中心,并成为我国流体工程装备领域唯一的国际联合研究中心和高等学校学科创新引智基地,中心的几代科研人员薪火相传,牢记使命,不断努力,保持了在泵及系统科研领域的持续领先,承担了包括国家自然科学基金、国家科技支撑计划、国家 863 计划、国家杰出青年基金等大批科研项目的攻关任务,先后获得包括 5 项国家科技进步奖在内的一大批研究成果,并且 80% 以上的成果已成功转化为生产力,实现了产业化。

近年来,该团队始终围绕国家重大战略需求,跟踪泵流体机械领域的发展方向,在不断获得重要突破的同时,也陆续将科研成果以泵流体机械主题出版物形式进行总结和知识共享。"泵及系统理论及关键技术"丛书吸纳和总结了作者团队最新、最具代表性的研究成果,反映在理论研究及关键技术优势领域的前沿性、引领性进展,一些成果填补国内空白或达到国际领先水平,丰富的成果支撑使得丛书具有先进性、代表性和指导性。希望丛书的出版进一步推动我国泵行业的技术进步和经济社会更好更快的发展。

国家水泵及系统工程技术研究中心主任
江苏大学党委书记、研究员

前　言

　　光伏水泵是太阳能光伏发电的一种典型应用,被誉为节能环保和节水灌溉最为有效的产业整合产品。发展光伏水泵对缓解当前非可再生性能源紧张局面有着重要意义,已成为未来节能减排重点发展方向之一。光伏水泵运行工况会随着日照强度的变化而不断变化,即光伏水泵一直处于变工况的运行条件之下,这使得光伏水泵的性能要求与普通水泵有着明显的不同,因而不能采用普通水泵的设计方法来进行光伏水泵的设计。因此,需要针对光伏水泵的运行特性研究光伏水泵的设计理论和方法。

　　作者十多年来一直从事光伏水泵的设计理论与方法研究、数值模拟和试验测试工作。在国家重点研发计划(2016YFC0400202)、国家863计划(2011AA100506)、国家自然科学基金(51109095)、江苏省自然科学基金(BK2010346)和中国博士后基金(2012M511693)等项目的资助下,先后带领多名研究生从事光伏水泵现代设计方法的研究工作。本书是作者多年来完成课题和发表论文的系统总结和提高。本书共分9章:第1章为绪论,系统地总结了光伏水泵国内外的研究进展;第2章和第3章分别采用数值仿真和试验测试的方法研究了光伏水泵系统的运行特性;第4章采用试验测试的方法研究了光伏水泵系统的动态特性;第5章分析了光伏水泵负载与系统的匹配特性;第6章结合光伏水泵动态特性采用失负荷概率模型研究了光伏水泵系统的供水可靠性,并研究了需水量和储水箱体积对供水可靠性的影响;第7章基于Matlab/Simulink和CFD软件建立了动态条件下光伏水泵的内流数值模拟方法;第8章建立了基于正交试验的光伏水泵叶轮的优化方法;第9章建立了光伏水泵的多工况优化设计方法。

　　本书第1~6章、第8章由谈明高负责撰写,第7章由吴贤芳负责撰写,第9章由刘厚林负责撰写,全书由谈明高统稿。

　　本书的撰写得到了江苏大学流体机械工程技术研究中心领导和同事的大力支持。王勇、王凯、董亮、崔建保、徐欢、冯进升、田晓、云天平等为本书的撰写和出版做了大量工作,在此一并致以衷心的感谢。

本书的出版得到了国家出版基金(2020T-066)的资助。

由于水平和时间有限,书中难免存在不妥之处,恳请读者批评指正,欢迎交流探讨,作者的 Email 是 tmgwxf@ujs.edu.cn。

谈明高　于江苏大学

2020 年 10 月

目 录

① 绪 论

1.1 概述

随着石油、煤炭等传统能源的不断开采和消耗,非再生能源不断减少甚至枯竭,并带来环境污染、温室效应及能源危机等一系列问题。进入 21 世纪以来,各国政府及机构加快了新能源开发和利用的步伐。

太阳能是可再生能源中最为丰富的能源,也是其他可再生能源的最初来源。太阳能的利用有两种形式,即光热转换和光电转换。光电转换或光伏发电将光能转化为电能,储存和传输方便,在全球大力发展低碳经济的背景下,光伏发电装机规模不断扩大,成为全世界新能源利用的热点。不管是美国的"太阳能先导计划"还是欧洲光伏协会的"setfor 2020 规划"都显示出光伏发电的巨大潜力。我国光伏发电政策从"一事一议""特许经营权招标"到"全国统一的上网标杆电价",以及"金太阳工程""光电建筑工程"等都表明了政府对于光伏发电产业的不断重视[1]。根据 IRENA(International Renewable Energy Agency)2019 年 11 月发布的 *FUTURE OF SOLAR PHOTOVOLTAIC* 报告,到 2030 年,全球太阳能光伏装机将达到 2 400 GW,到 2050 年可能超过 8 000 GW,大约为 2018 年水平的 18 倍,到时太阳能光伏可以满足全球 1/4 的电力需求。

图 1.1 给出了典型的光伏水泵系统,包含光伏电池板、电力电子控制器、电机和水泵、管路、储水箱等设备。由图可知,光伏水泵系统涉及光-机-电-控-液一体化,是多学科综合应用的一门技术。它是发展新能源利用和节能减排的重要手段和成果。

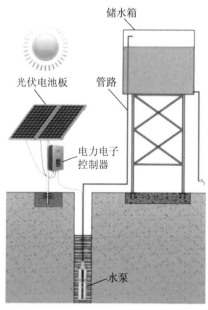

图 1.1 光伏水泵系统示意图

光伏水泵系统的工作原理是利用光伏电池的光生伏打效应,在光照入射的情况下把光能转化为电能,并由电力电子控制器将电压调整至电机的运行范围之内来驱动水泵抽水。自 1978 年安装第一批光伏水泵系统[2]以来,经过不断改进和完善,近些年光伏水泵系统已大量应用在农村灌溉、饮水及城市景观中。光伏水泵系统的产生和发展对解决偏远地区用水困难、缓解传统能源依赖和节能减排有着重要意义。与传统的柴油水泵系统相比,光伏水泵系统的主要优点有:

① 光伏水泵系统价格稳定且不断下降,使用寿命长,长期运行成本低;而柴油水泵系统受油价影响,价格总体处于上升趋势。

② 光伏水泵系统可自动运行,日出而作,日落而息,无须人值守,且与农作物需水规律一致,光照强度大时,作物蒸发量大,需水也多,光伏水泵系统产水量也大;而柴油水泵系统存在安全隐患,需要人值守。

③ 光伏水泵系统环保无污染,使用过程中无排放;而柴油水泵系统排放量大,污染较高。

随着光伏电池价格的下降以及国家政策对光伏产业的扶持,光伏系统的应用将大规模增大,光伏水泵系统的应用将会得到进一步推广。

1.2　国内外研究现状

自光伏水泵产生之日起,国内外学者便做了大量有关光伏水泵系统的研究,使光伏水泵系统不断发展完善。这些研究主要可分为系统配置、系统性能预测和系统评价及优化等方面。

1.2.1　光伏水泵系统配置

由于光伏电池板输出电能为直流形式,因而采用直流电机与电池板阵列直接耦合成为最直接最简单的系统,因此早期的应用和研究集中在水泵、直流电机与电池板直接耦合的系统上。如 Roger[3] 通过实验得到 0.5 kW 的电池板与泵直接耦合的系统的性能。Appelbaum 等[4-6] 把电池板分别与串励直流电机、并励直流电机、他励直流电机连接驱动恒定负载和风机类负载,比较它们的启动特性和稳态特性,并根据负载的输入功率与电池板最大接收功率之比定义负载与电池板的匹配度;随后又研究了电池板带 5 种不同负载(电阻、蓄电池、电解槽、功率调节器、直流电机分别驱动容积式和离心式水泵负载)的匹配情况,结果显示,在直接耦合的系统中蓄电池和离心泵与电池板匹配良好,而容积式泵与电池板匹配较差。之后他们对比研究了系统带有MPPT(Maximum Power Point Trace)和不带 MPPT 的永磁、他励、串励、并励直流电机的启动特性,发现带有 MPPT 的系统电机启动与额定电流比、转矩比均比不带 MPPT 的系统高,各类型电机电流放大比例相同,永磁电机转矩放大比例最低、整体式他励电机最高。他们发现在启动阶段,电池阵列相当于一个恒流源,当驱动加速时相当于恒压源。虽然有刷直流电机使用方便,但通常维护不方便,对于潜水泵系统,更换电刷需要把泵从井中取出并拆开,不仅增加运行成本,而且其可靠性较低[7,8]。为了克服这一缺点,人们开始大量应用无刷直流电机,其动态性能良好,能效高,与电池板匹配度高。但是,无刷直流电机功率通常较小,且价格较贵,因而一般只应用于低功率系统中[9]。对于大功率系统,光伏水泵系统应该寻求电机与阵列的最佳组合来达到高效率、低成本、高可靠性的目的。在大功率系统中使用逆变器和交流异步电机是较为合适的方案。与一般直流电机相比,交流异步电机更坚固耐用,工况变化范围更大,工作可靠,且成本低,也不需要维护。同时交流电机为系统效率的提升提供更大空间和多样的控制策略。随着系统功率的进一步增大,其功效可逐步抵消添加逆变器的费用[10,11]。

除了电池阵列及电机-泵装置这两个主要部分,为了最大限度地利用光照,在系统中加入功率跟踪器来使电池板运行在最大功率处;加入蓄电池或蓄水池等装置来储存能量;在有交直流转换的系统中加入变频器以使电机变转速运行。Singer 等[6]的研究表明带有 MPPT 的系统电机启动电流和转矩放大倍数明显增大,且可使全天光照利用率增加。蓄电池可缓冲电池板电力供应并提供给负载稳定电源。Khouzam[12]指出带有蓄电池缓冲的系统可以提供几乎恒定的负载电压,适当选择蓄电池工作电压可以产生接近带有MPPT 系统的效率;蓄电池的缓冲作用使负载没有明显的季节依赖性[13]。但对于要求不高的用水系统,在适当情况下以蓄水方式也能达到接近蓄电系统的效果,且更为经济、环保和方便。因此,一般用途的系统大多选择蓄水方式。这些装置的添加对于系统效率的提升都有重要作用。

目前产品中电池板和水泵之间有以下三种耦合方式:① 直接耦合:直流电机＋泵＋控制器＋电池板;② 直流电机带最大功率跟踪器:直流电机-泵＋控制器(带 MPPT)＋电池板;③ 交流电机带最大功率跟踪器和变频逆变器:交流电机-泵＋控制器(带 MPPT 和变频逆变器)＋电池板。对于户用水泵,一般电机功率在 2 kW 以内,使用直流电机的优势较为明显。一些厂家使用高效三相异步电机,其优势在大功率(5 kW 以上)系统中能得到较好体现。

1.2.2　光伏水泵系统性能预测

由于光伏水泵系统运行随光照变化而变化,且同时受环境温度等因素影响,因而系统输入与输出具有明显的非线性关系,这是系统设计、评价和优化复杂性的主要原因。鉴于此,在系统设计时有必要对系统性能进行预测。

Hsiao 等[14]用所获得的一年内每小时的光照数据来预测系统性能,然而这种使用每小时平均数据的方法并不适用于每个地方,而且使用这样的数据做性能预测会花费大量时间和计算机资源。Eckstein[15]提出一种基于制造商数据来预测出水量的理论模型方法。Kou 等[16]根据制造商提供的阵列和电机-泵数据,以月平均每日光照和周围环境参数输入来预测系统长期性能,发现用单月平均每日的数据来预测,仅在高光照水平时结果较为合理。月出水量在低光照水平时低于预测值,中等光照水平时高于预测值。Narvarte 等[17]考虑井内水位的变化,提出一个简单的步骤,使依据制造商提供的数据来设计系统的方法得以扩展。

流量和光照间的非线性关系使得系统性能预测相当困难,同时光照只有达到一定水平系统才能够抽出水来,这个值即扬水阈值[18]。早期低扬程直流有刷电机连接离心泵的光伏水泵系统流量和光照的关系用实验测定[19]。实际上,相比于系统短期运行状况,人们更关注系统的长期性能,一些学者把预测光热系统的长期热力性能的 Utilizability 方法应用于光伏水泵系统中[20]。Utilizability 是在临界光照之上所收集光照的分数,但使用这个方法通常要求系统有用能量和光照之间为线性关系。由于光照和流量具有很明显的非线性特征,为克服这个问题,Loxsom 等[21]用两条直线部分代替这个非线性曲线,以月平均光照作为唯一输入来预测光伏水泵系统长期平均性能。Fraidenraich 等[22]假设扬水阈值恒定不变,储水容量无限大,流量是光照的二次多项式,基于 Utilizability 方法得到一个解析表达式来计算随光照而非线性变化的物理量的时间平均值。Vilela 等[23]用 Utilizability 方法预测带有跟踪器的光伏水泵系统的长时期出水量。Amer 等[24]以实验所得光照和流量之间的关系为基础,在已知扬水阈值光照的情况下,使用标准光照 Utilizability 回归方程计算流量,预测值与实际值相差约 5%。

在一般的泵系统中,电机一直在恒定电压下运行。对于特定的工况,可确定适合其扬程且达到最佳效率的泵。而在光伏水泵系统中,情况则不同,光照强度变化,系统效率及流量随之变化,系统的每个组件有其本身运行特性,且其中很少对下个环节有益[25]。装置扬程和电池阵列的尺寸明显影响系统设计、优化和评价。单纯考虑制造商所提供的数据或利用其他应用领域的方法,如 Utilizability,不能保证系统精确的设计和优化。因而,不少研究人员采用软件如 TRNSYS,Matlab 等仿真来寻求系统性能的精确预测[26,27]。许多学者提出了与仿真软件 TRNSYS 兼容的四个参数的光伏阵列数学模型以及相应的电机、泵和 MPPT 的数学模型[15,28]。Kou 等[16]开发 UW-PUMP 程序,从平均每月天气数据得出简化的每小时天气数据来仿真系统性能,对比用 TRNSYS 仿真的结果差别 3%~6%。然而这些模型间的非线性关系很复杂,成功的仿真系统需要很强的数值仿真技巧且花费时间长,而且仿真中需要的电机和泵某些参数很难得到,再者用来仿真的系统基于特定的泵和场所,所用方法很难在不同地方和系统中使用。鉴于此,Ghoneim 等[29]提出一个五参数数学模型来模拟硅和非晶硅材料电池板的性能,并考虑光照来源变化的影响,使用制造商提供的电机和泵的数据建立一种通用的方法来预测系统的长期性能。

1.2.3　光伏水泵系统评价及优化

(1) 光伏水泵系统的匹配

负载与电池板的匹配程度决定了系统的性能和电池板利用程度。Appelbaum[5]定义了一个匹配因子来描述负载与电池板匹配度,并指出在匹配度较好的系统中,负载运行曲线靠近电池板的最大功率线,这个特征可作为系统优化方向。Saied 等[30]研究了直流电机与电池阵列匹配的特性,来使日总和机械能输出最大化。Argaw[31]讨论了电池阵列和电机-泵之间的匹配准则,定义了负载匹配系数为一天中电机-泵装置接收的能量与电池阵列可接收的最大能量的比值。Salameh 等[32]分析了电池阵列的配置对系统性能的影响。卢一民等[33]假定系统实现最大功率跟踪,从理论上得出全日效率与光伏方阵最大输出功率时的瞬时效率相等时可取得全天最大效率这一判别式。Odeh 等[34]和谢磊等[35]通过研究装置静扬程、光照、阵列面积对系统的影响,表明在低光照时,电机-泵子系统效率随着光照强度增加而提高;在强光照下,装置扬程成为影响系统效率的主要参数;电池阵列尺寸增大一般会提高抽水量和子系统效率,但却降低了阵列的效率,且增大至特定值时,系统效率随尺寸增大而下降。由于安装地区不同,系统性能也不尽相同,Boutelhig 等[36]通过试验对比不同尺寸阵列和不同泵的组合在 10～40 m 装置扬程下的泵效率和全局效率来选择系统的最优配置。Glasnovic 等[37]还将气候、土壤等所有相关因素考虑进去,以实现灌溉作物的水量平衡来优化系统。除了系统组件间的匹配,考虑到每日光照并非一样,使用平均值来设计系统时可能导致短时的缺水。许多研究人员使用失负荷概率法(Loss of Load Probability,LOLP)来优化系统配置[38]。LOLP 定义为缺水的小时数与用水总小时数的比值,通过 LOLP 可分析阵列尺寸和蓄水池体积的敏感性和可靠性,从而对系统供需水进行可靠性评价。光伏水泵系统初期投资较高,因此不少研究人员通过研究系统经济性评价来为系统的优化提供指导。由 Brandemuehl 等[39]提出的生命周期成本(Life Cycle Cost,LCC)方法广泛应用于系统成本评价,通过生命周期成本分析给出光伏水泵系统的总成本,有利于与其他系统进行对比。Odeh 等[40]对比了 2.8～15 kW 之间的光伏水泵与柴油机系统经济性评价,对装置扬程、系统欠匹配、银行利率等因素进行分析,指出如果可预测需水模式,选择合适的蓄水箱尺寸和装置扬程,则可大幅提高子系统效率,降低单位体积水成本。Bouzidi 等[41]使用 LCC 方法对比了柴油机抽水系统和光伏水泵系统,对贷款利率、贴现率、利用率、燃料价格等进行了敏感性分析,指出光伏水泵系统每单位体积水成本受银行利率和光照利用率影响较大。Bakelli 等[42]则结合 LOLP 和 LCC 两个准则对系统进行可靠性和经济性分析来优化电池板尺寸和蓄水池体积。

(2)光伏水泵系统的控制策略

光伏水泵系统运行点的优化,除了通过选择合适的负载 I - V 特性外,还可使用电力控制手段来完成[5]。

Alghuwainem[43]根据电池板最大功率点电流与光照近似成比例关系,通过在并励直流电机驱动离心泵系统中添加电流闭环反馈控制环节的变流器来调整电池板输出以达到其最大功率点。相对应地,由电池板 I-V 特性可看出最大功率点电压几乎恒定,因此早期不少研究人员采用定电压法。Mummadi[44]通过研究带有功率变流器的系统表明变流器的使用对系统瞬态和稳态性能都有影响,根据光照水平通过合适地调整功率变流器占空比可使系统工作在电池板最大功率处。为了提高交流电机抽水系统的性能,Bhat 等[45]通过研究指出,在给定装置扬程时,存在最佳的电压-频率(V-f)关系可使电机输入功率最小;在扬程变化的情况下,电机额定功率应该与扬程最小值对应。

对于电池板功率输出通常用 MPPT 算法。通常的梯度经典方法有扰动观察法(P&O)、曲线拟合法和增量电导法(IC)。在梯度算法中,扰动观察法[46]通过减少或增大输出电压来跟踪最大功率点,这种方法简单,易实现,但是在光照较低但快速变化时不能跟踪。扰动观察法会由于测量噪声引起系统在工作点附近振动。曲线拟合法[47]用数值分析来寻找最大功率处的电流与电池板电流的近似线性关系,由于温度受多种因素影响,不可能为恒定值,因此这种方法只能用于温度变化范围小的情况[48]。增量电导法[49]用固定步长控制信号控制最大功率点,但往往很难准确停在最大功率点处。

虽然通过以上经典梯度的 MPPT 算法可跟踪电池板最大功率,但也应看到这些算法存在着各种缺陷。针对此,研究人员通过使用智能算法来准确捕捉电池板最大功率。典型智能算法有神经网络法(NNs)[50]、模糊逻辑算法(FL)[51,52]、粒子群算法[53]、神经-模糊网络法[54]。其中 Benlarbi[55]对智能算法和经典梯度算法进行了对比,显示了智能算法的优势。

MPPT 控制的使用虽然使电池板的输出功率大幅提升,但并不意味着整个电机和整个系统效率的最优化。因此不少研究人员结合电机控制策略来使系统效率最大化。

Zaki 等[7,10]通过研究变频控制的方案,并使用两个控制策略来达到最大功率输出,首先控制异步电机驱动离心泵运行在电池板最大功率处,其次控制电机运行在其最大效率处。Betka 等[8]研究表明,通过改变逆变器频率和调制指数对异步电机进行最佳标量控制的方法几乎可使电机效率为恒定最优值。Mimouni 等[56]以矢量控制的方法,通过高效的电流控制方案来达到异步电机的高精度和快速响应,从而达到同样的目标。Benlarbi 等[11]提出一种直流电机、永磁同步电机或异步电机驱动离心泵的全局效率模糊优化方法,即通过模糊优化的程序调整占空比以适应负载阻抗,从而最大限度地提高驱动速度和离心泵流量。Souhir 等[57]使用模糊规则对电机-泵和蓄电池的连接和充放电进行优化管理,以延长水泵全天运行时间。Betka 等[58]使用线性二次型调节器(LQR),调整定子电流和逆变器输出频率来优化电机稳态效率,同时通过控制升压斩波器占空比作为最大功率跟踪器从而获得系统最大效率。

在无刷直流电机系统中,通过滞环电流控制会有额外的一个传感器来保护直流连接,这将增加电机成本,且电机产生的感应电流有一定的延迟时间。无刷直流电机中使用直接转矩控制(DTC)[59],在两相导通下的恒转矩区域不需控制定子通匝的电流幅值,这种控制方法使转矩响应迅速、脉动小,且算法简单。Terki 等[60]对比了无控制器、滞环控制器、经典(PI)和逻辑(IC)速度控制器在空载和负载下的电池板工作特性及电机和控制器的动态性能,结果表明模糊控制器动态特性最好。为提高无刷直流电机瞬态速度响应,Mozaffari 等[61]在使用 DTC 电机控制的基础上,使用模糊-增量电导(FL - IC)的最大功率跟踪算法,并用粒子群算法(PSO)对 PID 速度控制器的参数进行优化。

(3)提高系统性能的其他措施

为充分利用全天光照,研究人员另辟蹊径,如通过使用双负载,在不同光照下切换不同参数的泵负载实现系统高效运行[62];使用可分离式轴式的多负载模块来实现随光照不同而变转速运行[63]。电池板光照利用率的提高对系统综合效率的提高有事半功倍的效果。Bione 等[64]通过在电池板边界添加 V 形反光镜片来提高全天光照量;Abdolzadeh 等[65]通过在电池板前面喷洒水以降低表面温度来提高电池板转换效率,其试验表明这种方法可明显提高系统及子系统效率。

综上所述,光伏水泵系统与普通水泵系统相比,系统设计复杂得多,根本原因在于光照的动态变化,一天之内光照强度由低到高,再由高到低;从长期来看,每天的光照分布处于波动状态,出水量不稳定。因此,应从动态的角度去研究光伏水泵系统的设计方法。

参考文献

[1] 国家能源局,国家可再生能源中心. 中国可再生能源"十二五"规划概览 [A]. 2011.

[2] Barlow R, McNelis B, Derrick A. Status and experience of solar PV pumping in developing countries[C]//In Proc. 10 Europe. PV Solar Energy Conf., Lisbon, Portugal, 1991:1143 - 1146.

[3] Roger J A. Calculations and in Situ experimental data on a water pumping system directly connected to an 1/2 kW photovoltaic converter array [C]//Photovoltaic Solar Energy Engineering Conference, Luxembourg, 1977：27 - 30.

[4] Appelbaum J. Staring and steady-state characteristic of DC motors powered by solar cellgenerators[J]. IEEE Transactions on Energy Conversion, 1986, 1(1):23 - 29.

[5] Appelbaum J. The quality of load matching in a direct-coupling photovoltaic system[J]. IEEE Transactions on Energy Conversion, 1987, 2(4):31 - 38.

[6] Singer S, Appelbaum J. Staring characteristics of direct current motors powered by solar cells[J]. IEEE Transactions on Energy Conversion, 1993, 8(1):18 - 26.

[7] Zaki A, Eskander M. Matching of photovoltaic motor pump systems for maximum efficiency operation[J]. Renewable Energy, 1996, 7(3):279 - 288.

[8] Betka A, Moussi A. Performance optimization of a photovoltaic induction motor pumping system[J]. Renewable Energy, 2004, 29(3):2167 - 2181.

[9] Swamy C, Singh B, Singh B P. Dynamic performance of a permanent magnet brushless DC motor powered by a PV array for water pumping [J]. Solar Energy Materials and Solar Cells, 1995, 36(5):187 - 200.

[10] Eskander M, Zaki A. A maximum efficiency photovoltaic induction motor pump system[J]. Renewable Energy, 1997, 10 (1):53 - 60.

[11] Benlarbi K, Mokrani L, Nait-Said M. A fuzzy global efficiency optimization of a photovoltaic water pumping system [J]. Solar Energy, 2004, 77(9): 203 - 216.

[12] Khouzam K Y. The load matching approach to sizing photovoltaic systems with short-term energy storage[J]. Solar Energy, 1994, 53(5):403 - 409.

[13] Viorel B. Dynamic model of a complex system including PV cells, electric battery, electrical motor and water pump[J]. Energy, 2003, 28(1):1165 - 1181.

[14] Hsiao Y R, Blevins B A. Direct coupling of photovoltaic power source

to water pumping system[J]. Solar Energy, 1984, 32(4):489 - 498.

[15] Eckstein J H. Detailed modeling of photovoltaic system components [D]. MS thesis. Mechanical Engineering, University of Wisconsin, Madison, 1990.

[16] Kou Q, Klein S A, Beckman W A. A method for estimating the long-term performance of direct coupled PV pumping system[J]. Solar Energy, 1998, 64(1):33 - 40.

[17] Narvarte L, Lorenzo E, Caamano E. PV pumping analytical design and characteristics of boreholes [J]. Solar Energy, 2000, 68 (1): 49 -56.

[18] Kiatsiriroat T, Nampkakai P, Hiranlabh J. Performance estimation of a PV water-pumping systems utilizability function[J]. International Journal of Energy Research,1993,17(3):305 - 310.

[19] Waddington D, Herlevich A. Evaluation of pumps and motors for photovoltaic water pumping systems [R]. Solar Energy Research Institute for the US Department of Energy, Colorado, USA, 1982:1 - 62.

[20] Fraidenraich N, Costa H S. Procedure for the determination of the maximum surface which can be irrigated by a photovoltaic pumping system[J]. Solar & Wind Technology, 1988 2(7):121 - 131.

[21] Loxsom F, Durongkaveroj P. Estimating the performance of a photovoltaic pumping system [J]. Solar Energy, 1994, 52 (3): 215 - 223.

[22] Fraidenraich N, Vilela O C. Performance of solar systems with non-linear behavior calculated by the utilizability method: Application to PV solar pumps[J]. Solar Energy,2000,69(2):131 - 137.

[23] Vilela O C, Fraidenraich N, Tiba C. Photovoltaic pumping systems driven by tracking collectors. Experiments and simulation[J]. Solar Energy, 2003, 74(8):45 - 52.

[24] Amer E H, Younes M A. Estimating the monthly discharge of a photovoltaic water pumping system: Model verification[J]. Energy Conversion and Management, 2006, 47(5): 2092 - 2102.

[25] Short T, Oldach R. Solar powered water pumps: The past, the present and the future[J]. Journal of Solar Energy Engineering, 2003,

125(2):76 - 82.

[26] Manolakos D, Papadakis G, Papantonis D, et al. A stand-alone photovoltaic power system for remote villages using pumped water energy storage[J]. Energy,2004, 29(6):57 - 69.

[27] Arrouf M, Ghabrourb S. Modeling and simulation of a pumping system fed by photovoltaic generator within the Matlab/Simulink programming environment[J]. Desalination, 2007, 209(7):23 - 30.

[28] Al-Ibrahim A M. Optimal selection of direct-coupled photovoltaic pumping system in solar domestic hot water systems[D]. PhD thesis. Mechanical Engineering, University of Wisconsin Madison, 1996.

[29] Ghoneim A A, Al-Hasan A Y, Abdullah A H. Economic analysis of photovoltaic powered solar domestic hot water systems at Kuwait[J]. Renew Energy,2002, 25(2):81 - 100.

[30] Saied M M, Jabori A. Optimal solar array configuration and DC motor file parameters for maximum annual output mechanical energy[J]. IEEE Transactions on Energy Conversion, 1989, 4(12):449 - 465.

[31] Argaw N. Optimal load matching in photovoltaic water pumps coupled with DC/AC inverter[J]. International Journal of Solar Energy, 1995, 18(5):41 - 52.

[32] Salameh Z, Taylor D. Step-up maximum power point tracker for photovoltaic arrays[J]. Solar Energy,1990, 44(5):57 - 61.

[33] 卢一民,黄国华,管咏梅.太阳能光伏水泵系统的研究[J].西安交通大学学报,1996,30(12):101 - 107.

[34] Odeh I, Yohanis Y G, Norton B. Influence of pumping head, insolation and PV array size on PV water pumping system performance [J]. Solar Energy, 2006, 80(7):51 - 64.

[35] 谢磊,余世杰,王飞,等.光伏水泵系统配置优化的实验及仿真研究[J].太阳能学报,2009,30(11):1454 - 1460.

[36] Boutelhig A, Hadjarab A, Bakelli Y. Comparison study to select an optimum photovoltaic pumping system (PVPS) configuration upon experimental performances data of two different DC pumps tested at ghardaia site[J]. Energy Procedia, 2011, 6(14):769 - 776.

[37] Glasnovic Z, Margeta J. A model for optimal sizing of photovoltaic irrigation water pumping systems[J]. Solar Energy, 2007, 81(4):

904 - 916.

[38] Arab A, Chenlo F, Benghanem M. Loss-of-load probability of photovoltaic water pumping systems[J]. Solar Energy, 2004, 76(3): 713 - 723.

[39] Brandemuehl M J, Beckman W A. Economic evaluation and optimization of solar heating systems [J]. Solar Energy, 1979, 23 (8):1 - 10.

[40] Odeh I, Yohanis Y G, Norton B. Economic viability of photovoltaic water pumping systems[J]. Solar Energy, 2006, 80(7):850 - 860.

[41] Bouzidi B, Haddadi M, Belmokhtar O. Assessment of a photovoltaic pumping system in the areas of the Algerian Sahara[J]. Renewable and Sustainable Energy Reviews, 2009, 13(3): 879 - 886.

[42] Bakelli Y, Arab A H, Azoui B. Optimal sizing of photovoltaic pumping system with water tank storage using LPSP concept[J]. Solar Energy, 2011, 85(12):288 - 294.

[43] Alghuwainem S M. Matching of a DC motor to a photovoltaic generator using a step-up converter with a current-locked loop[J]. IEEE Transactions on Energy Conversion, 1994, 9(1):56 - 65.

[44] Mummadi V C. Steady-state and dynamic performance analysis of PV supplied DC motors fed from intermediate power converter[J]. Solar Energy Materials snd Solar Cells, 2000, 61(11):365 - 381.

[45] Bhat S, Pittet A, Sonde B. Performance optimization of induction motor pump system using photovoltaic energy source [J]. IEEE Transactions on Industry Applications, 1987, 23 (6):995 - 1000.

[46] Kuo Y C, Liang T J, Chen J F. Novel maximum power point tracking controller for photovoltaic energy conversion system[J]. IEEE Trans Ind Electron,2001, 48(3):594 - 601.

[47] Glasner I, Appelbaum J. Advantage of boost Vs. buck topology for maximum power point tracker in photovoltaic systems[J]. Electr Elect Eng Israel, 1996, 7(10):335 - 338.

[48] Huaa C, Lin J. A modified tracking algorithm for maximum power tracking of solar array[J]. Energy Convers Manage, 2004, 45(6): 911 - 25.

[49] Hussein K H, Muta I, Hoshino T, et al. Maximum photovoltaic

power tracking: An algorithm for rapidly changing atmospheric conditions[J]. Proc IEE Gener Trans Distrib, 1995, 142(1):59 – 64.

[50] Bahgat A B G, Helwa N H, Ahmad G E, et al. Maximum power point tracking controller for PV systems using neural networks[J]. Renew Energy, 2005, 30(8):1257 – 1268.

[51] 吴大中,王晓伟. 一种光伏 MPPT 模糊控制算法研究[J]. 太阳能学报, 2011,32(6):808 – 813.

[52] Won C Y, Kim D H, Kim S C, et al. A new maximum power point tracker of photovoltaic arrays using fuzzy controller[C]// Proceedings of the IEEE Power Electronics Specialists' Conference,1994, 1(6): 396 – 403.

[53] 刘艳莉,周航,程泽. 基于粒子群优化的光伏系统 MPPT 控制方法[J]. 计算机工程,2010,15(8):265 – 267.

[54] Della K M, Midoun A, Feknous S. La poursuite du point optimum de fonctionnement dun generateur photovoltaique en utilisant les reseaux neurones [C]// Proceeding of International Conference on Electrotechnics ICEL, 2000 :369 – 372.

[55] Benlarbi K. Fuzzy, neuronal and neuro-fuzzy optimization of a photovoltaic water pumping system driven by DC an AC motors[D]. Master Thesis. Algeria: University of Batna, 2003.

[56] Mimouni M F, Mansouri M N, Benghanem B, et al. Vectorial command of an asynchronous motor fed by a photovoltaic generator [J]. Renewable Energy, 2004, 29(3), 433 – 442.

[57] Souhir S, Maher C M K. Optimum energy management of a photovoltaic water pumping system [J]. Energy Conversion and Management, 2009, 50(8):2728 – 2731.

[58] Betka A, Attali A. Optimization of a photovoltaic pumping system based on the optimal control theory[J]. Solar Energy, 2010, 84(9): 1273 – 1283.

[59] Ozturk S B, Toliyat H A. Direct torque control of brushless DC motor with nonsinusoidal back EMF[C]// Proc IEEE IEMDC Biennial Meet, 2007:165 – 171.

[60] Terki A, Moussi A, Betka A, et al. An improved efficiency of fuzzy logic control of PMBLDC for PV pumping system [J]. Applied

Mathematical Modelling，2012，36(7):934 - 944.

[61] Mozaffari N S，Danyali S，Sharifian M，et al. Brushless DC motor drives supplied by PV power system based on Z-source inverter and FL-IC MPPT controller [J]. Energy Conversion and Management，2011，52(11):3043 - 3059.

[62] Fu Q. High efficiency photovoltaic pump system with double pumps [C]//The 7th International Conference on Power Electronics，2007: 493 - 497.

[63] Daniele F，Roberto G，Giampaolo M. Improving the effectiveness of solar pumping systems by using modular centrifugal pumps with variable rotational speed[J]. Solar Energy ,2005,79(6) :234 - 244.

[64] Bione J，Vilela O C，Fraidenraich N. Comparison of the performance of PV water pumping systems driven by fixed，tracking and V-trough generators [J]. Solar Energy，2004，76(10):703 - 711.

[65] Abdolzadeh M，Ameri M. Improving the effectiveness of a photovoltaic water pumping system by spraying water over the front of photovoltaic cells [J]. Renewable Energy，2009，34:91 - 96.

② 光伏水泵系统运行特性仿真

光伏水泵系统各组成部分有自身的运行特性,本章详细介绍各部分的数学模型,并基于 Matlab 平台建立各部分的仿真模型,最后对整个系统运行特性进行仿真分析。

2.1 光伏电池

2.1.1 光伏电池工作原理

当入射光子能量比光伏材料能带隙能量高时,入射光子能够使材料中的电子摆脱原子的束缚,从而产生电子空穴对,如图 2.1 所示。但是这些电子很快重新陷入空穴,引起电荷载体的消失。如果附近提供一个电场,这些导带中的电子可从空穴朝金属接触方向连续移动,形成电流。在半导体内不同类型晶体联结的两个区域形成的内部电场称为 P-N 结。

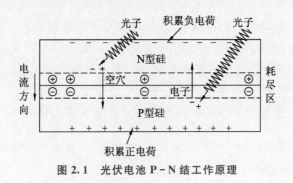

图 2.1　光伏电池 P-N 结工作原理

光伏组件顶部和底部具有电触头来捕获电子,如图 2.2 所示。当光伏组件将电力输送至负载时,电子从 N 结流出通过连接线路到达负载,然后回到 P 结与空穴重新结合。

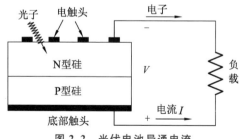

图 2.2　光伏电池导通电流

2.1.2　光伏电池输出特性

图 2.3 给出了理想情况下光伏电池的等效电路,用一个理想电流源与一个理想二极管并联来表示[1]。理想电流源代表由光子所产生的电流,也称光电流,通常用 I_{ph} 或 I_L 表示。在光照和温度恒定的状态下,其输出为定值。

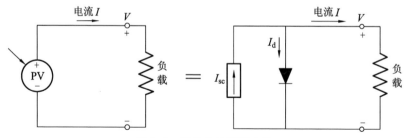

图 2.3　光伏电池等效电路

通常用短路电流 I_{sc} 和开路电压 V_{oc} 这两个关键参数来表示光伏电池的特性。如图 2.4a 所示,把光伏电池负载端短路,此时光子所产生电流等于短路电流 I_{sc},因此,有 $I_{ph} = I_{sc}$;当把光伏电池负载端开路,如图 2.4b 所示,此时光伏电池无任何连接,光电流在二极管 P-N 结分流,此时电池两端的电压为开路电压 V_{oc}。光伏电池及其组件制造商通常在参数表上会提供这些参数。

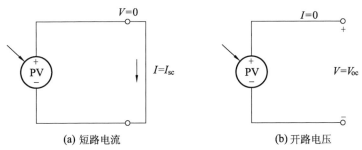

(a) 短路电流　　　　　　　　(b) 开路电压

图 2.4　光伏电池短路电流和开路电压

实际的光伏电池中,电流通过半导体材料的电阻、触头及集流总线,这些电阻合在一起称为串联电阻(R_s)。当光伏电池组件中包含许多串联电池单元时,它们对电池板输出的影响非常明显,此时串联总电阻值等于串联个数与单个电阻值的乘积。

并联电阻,也称分流电阻,是由与内部装置并联的表面电阻漏电流引起的,可用 R_p 表示。与串联电阻相比,并联电阻在光伏组件中的影响要小得多,仅在大量组件并联时影响才较为明显。

此外,光伏电池消耗区的复合相当于与光伏电池并联的非欧姆支路,可用二极管代替。

综合以上串联电阻、并联电阻、复合等因素,光伏电池较为精确的等效电路如图 2.5 所示,其中二极管 D_2 代表复合因素的影响。

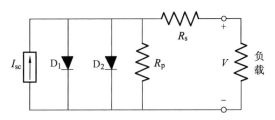

图 2.5　考虑影响因素的光伏电池等效电路

根据图 2.5 光伏电池等效电路,电压和电流的关系可表示为

$$I = I_{sc} - I_{O1}\left[e^{q\left(\frac{V+IR_s}{kT}\right)} - 1\right] - I_{O2}\left[e^{q\left(\frac{V+IR_s}{2kT}\right)} - 1\right] - \left(\frac{V+IR_s}{R_p}\right) \quad (2\text{-}1)$$

式中,I_{O1} 和 I_{O2} 为二极管反向饱和电流,A;q 为电容(1.602×10^{-19} C);V 为二极管端电压,V;k 为波尔兹曼常数(1.381×10^{-23} J/K);T 为二极管结点开氏温度,K。

将二极管 D_1 和 D_2 结合起来,则式(2-1)可写为

$$I = I_{sc} - I_O \left[e^{q\left(\frac{V+IR_s}{nkT}\right)} - 1 \right] - \left(\frac{V+IR_s}{R_p} \right) \qquad (2\text{-}2)$$

式中,n 是二极管曲线因子,取值为 1～2。

图 2.6 给出了恒定光照(1 000 W/m^2)及温度(25 ℃)下典型光伏电池的 I-V 特性。电压-功率曲线为图中 U-P,电压-电流曲线为图中 U-I。从图中可以看出,随着负载端电压的增大,功率先增大,后减小,中间存在一个最高点,对应电压为 V_m;电流随电压增大先平缓降低至最大功率点,然后急速下降至 0,功率最大点电流为 I_m。

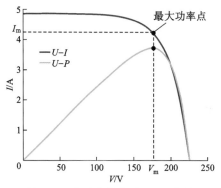

图 2.6 典型光伏电池 I-V 特性

光伏电池的输出受外界影响最明显的因素是光照辐射强度和环境温度。通常情况下两者的变化规律相同:从早晨、中午到晚上,光照辐射强度和环境温度经历由低到高,再由高到低的过程。

(1)光伏电池光照辐射强度特性

光照辐射强度直接决定光伏电池接收能量的多少,它是光伏电池输出最重要的影响因素。

如图 2.7 所示,温度恒定时,随着光照辐射强度增大,光伏电池的短路电流和开路电压都逐渐增加,各光照辐射强度下最大功率点电流和电压也逐渐增加,但变化规律不一致。短路电流 I_{sc} 与光照辐射强度成正比,变化较大,而开路电压 V_{oc} 与光照强度呈对数增加,变化很小;最大功率点电流 I_m 随光照强度呈线性增长,而最大功率点电压 V_m 基本不变或变化很小。

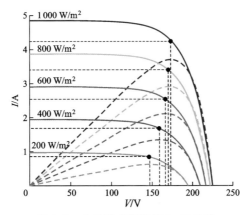

图 2.7　电池板光照辐射 I - V 特性

（2）光伏电池环境温度特性

图 2.8 给出了恒定光照辐射强度时不同温度下电池板的输出特性。如图 2.8 所示,在光照辐射强度恒定为 $1\,000\ \mathrm{W/m^2}$ 时,随着环境温度的上升,光伏电池短路电流 I_{sc} 增大,开路电压 V_{oc} 减小,各光照辐射下最大功率点电压减小,温度上升导致电池的输出功率下降,转换效率降低。

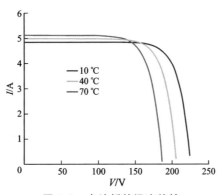

图 2.8　电池板的温度特性

2.1.3　光伏电池建模

光伏电池可通过多种方式建模,Matlab 中主要可使用 3 种方式:① 基于电流和电压关系公式的 Simulink 方框图法;② 在 Physical Components 中使用 Simsape 电力电子元件的电路建模;③ 直接使用 Advanced Components Library 中所提供的光伏电池模块。本书使用基于电流和电压关系公式的

Simulink 方法建模。

任意光照辐射强度 $G(\mathrm{W/m^2})$ 和环境温度 $T_a(\mathbb{C})$ 条件下,得出光伏阵列 $I\text{-}V$ 关系的数学模型[2]:

$$I = I_{sc}\left[1 - \left(1 - \frac{I_m}{I_{sc}}\right)\mathrm{e}^{-\frac{V_m\ln\left(1 - \frac{I_m}{I_{sc}}\right)}{V_m - V_{oc}}}\right. \cdot$$

$$\left(\mathrm{e}^{\frac{\left\{V + \left\{\beta(T_a + t_c G - T_{ref}) + R_s\left[\frac{\alpha G}{G_{ref}}(T_a + t_c G - T_{ref}) + \left(\frac{G}{G_{ref}} - 1\right)I_{sc}\right]\right\}\right\}\ln\left(1 - \frac{I_m}{I_{sc}}\right)}{V_m - V_{oc}}} - 1\right)\right] +$$

$$\frac{\alpha G}{G_{ref}}(T_a + t_c G - T_{ref}) + \left(\frac{G}{G_{ref}} - 1\right)I_{sc} \tag{2-3}$$

式中,G_{ref} 为参考光照辐射值,1 000 $\mathrm{W/m^2}$;T_{ref} 为参考温度值,25 $\mathbb{C}$;V_{oc} 为参考条件下的开路电压,V;I_{sc} 为参考条件下的短路电流,A;V_m 为参考条件下最大功率点电压,V;I_m 为参考条件下最大功率点电流,A;t_c 为光伏电池温度系数,$\mathbb{C}/(\mathrm{W \cdot m^{-2}})$;$\alpha$ 为参考光照辐射下电流变化温度系数,$\mathrm{A/\mathbb{C}}$;β 为参考光照辐射下电压变化温度系数,$\mathrm{V/\mathbb{C}}$。

基于式(2-3)即可建立光伏电池的 Simulink 模型。图 2.9a 给出了本书建立的光伏电池 Simulink 模型。将该模型进行封装,参数界面如图 2.9b 所示。封装后的光伏电池子系统模块如图 2.10 所示。该模型将光照辐射强度 G 和环境温度 T_a 作为输入,电流 I 作为输出。

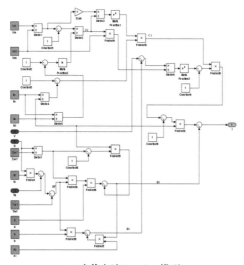

(a) 光伏电池Simulink模型　　　　　　(b) 光伏电池Simulink模型封装

图 2.9　光伏电池 Simulink 模型及封装

为了验证所建立模型的正确性,此处以典型的光伏电池参数对该模型进行仿真。输入图 2.9b 所示的电池各参数,在恒定环境温度 25 ℃下,光照辐射强度依次从 200 W/m² 增至 1 000 W/m² 作为输入,得到如图 2.11 所示的光伏电池 I-V 性能曲线。从图中可以看出,仿真的 I-V 性能曲线符合电池板特性。

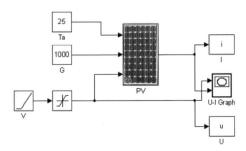

图 2.10　封装的光伏电池 Simulink 模型

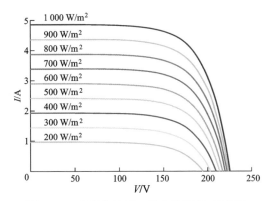

图 2.11　光伏电池 Simulink 仿真 I-V 特性

2.2　控制器

控制器部分一般包括 DC-DC 变换器和最大功率跟踪(MPPT),对于交流电机则还包括 DC-AC 逆变器部分。

DC-DC 变换器有许多类型的拓扑结构,主要可分为隔离性拓扑结构和非隔离性拓扑结构。隔离性拓扑结构使用小型高频电气隔离变压器为输入和输出提供直流隔离,并通过改变变压器匝数比来调节输出电压高低,常用于开关模式的直流供给。对于大多数应用场合,常用反击式、半桥和全桥等拓扑结构。

非隔离性拓扑结构没有隔离变压器，基本用于直流电机驱动。这些拓扑结构可分为三种类型：降压式（Buck）、升压式（Boost）、升降压式（Buck-Boost）。降压式拓扑用来降低电压，在光伏系统应用中，降压式通常用于蓄电池充电及线性电流升压（Linear Current Booster，LCB）光伏水泵系统中。升压式拓扑用来升高电压，光伏并网系统用升压式拓扑在逆变电路前将输出电压升高至大电网电压水平。升降压式拓扑同时具有升降压功能，除此之外同时具有升降压功能的拓扑结构还有库克式（Cuk）和单端初级电感变换器（SEPIC）。

2.2.1　DC-DC 变换器

对于光伏水泵系统，光伏电池输出电压需要经过降压来提供较高的电流启动电机，降压式是最简单的拓扑结构，很容易设计，但是它存在较严重的破坏性故障模式，此外，由于开关位于输入部分，从而导致输入电流不连续，需要设计滤波器保证输入良好。而具有降电压功能的库克式（Cuk）和单端初级电感变换器（SEPIC），虽然它们的升压功能对于光伏水泵的线性电流升压（LCB）来说是多余的，但是相对于降压式仍具有很多优势，它们可提供容性隔离来保护开关正常运行。库克式和单端初级电感变换器的输入电流是连续的，并且可从光伏阵列处得到一个无纹波电流，这对于最大功率跟踪的有效运行非常重要[3]。

图 2.12 是库克变换器的电路图，图 2.13 是单端初级电感变换器电路图。单端初级电感变换器是库克变换器的衍生形式，这两个拓扑结构很相似，都使用一个电容作为主要储能装置，这样可使输入电流连续。

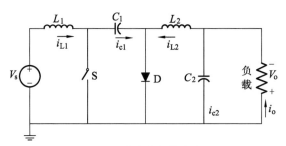

图 2.12　库克变换器电路图

DC-DC 变换器建模采用库克转换电路，Sim Power Systems 中提供了大量电力电子元件用于建模，可方便地使用。根据图 2.12 中所示的库克变换器电路建立变换器模型，图 2.14 给出了所建立的变换器模型，将该模型作为子

系统,创建的子系统如图 2.14b 所示。其中,输入端口分别为 converter in+
和 converter in−,代表输入电压正负极;输出端口分别为 converter out+和
converter out−,代表输出电压正负极;端口 g 用于 MPPT 接入。

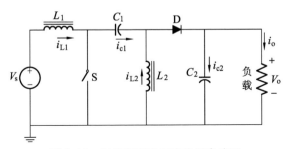

图 2.13　单端初级电感变换器电路图

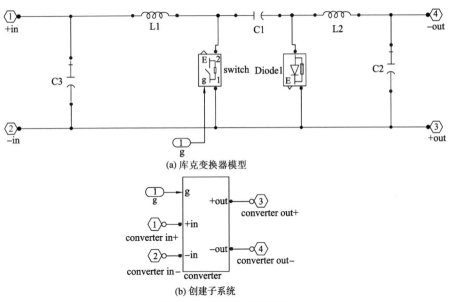

(a) 库克变换器模型

(b) 创建子系统

图 2.14　库克变换器建模

2.2.2　MPPT 控制器

　　光伏电池 I-V 曲线上的最大功率点事先是未知的,而且最大功率点随
光照辐射强度和环境温度变化而动态变化,因此光伏系统的最大功率点是不
停变动着的,这就需要一种最大功率跟踪算法去不断自动寻找最大功率点,
这个算法就是最大功率跟踪控制器的核心。

  MPPT 算法有很多种,开环控制方法每 30 s 将光伏电池的一个组件电路与其他电路断开来测量光伏电池开路电压 $V_{\rm oc}$。重新连接之后组件电压调整至所测量的开路电压的 76%,认为与最大功率点电压值相对应。

  这种方式非常简单且成本低,但是其最大功率跟踪效率很低。闭环控制的搜索算法可得到较高的效率,因此 MPPT 通常选取闭环控制方式。这类算法主要有恒电压法(CVT)、扰动观察法(P&O)、神经网络法、模糊控制法、增量电导法(IncCond)等。在众多算法中,使用最多的是扰动观察法及其改进后的增量电导法。算法流程分别如图 2.15 和图 2.16 所示。

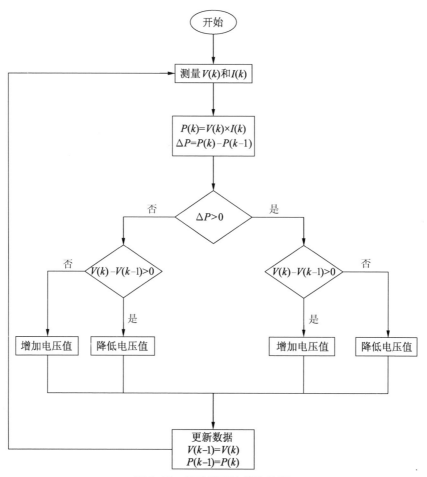

图 2.15 扰动观察法算法流程

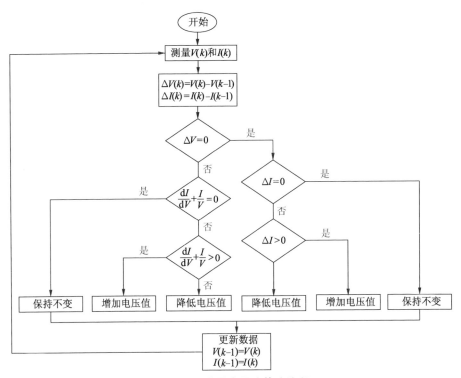

图 2.16 增量电导法算法流程

图 2.17 给出了最大功率跟踪控制器的实施过程,其主要由光伏电池、电流电压测量、最大功率跟踪算法、占空比调整和脉宽调制信号输出部分组成。

根据最大功率跟踪控制器算法及其工作过程建立其 Simulink 模型,其中最大功率跟踪算法常采用扰动观察法。

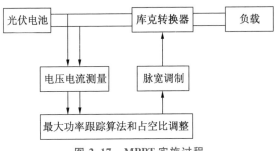

图 2.17 MPPT 实施过程

根据图 2.15 中所示的扰动观察法流程编写 S-Function。建立的最大功率跟踪器如图 2.18 所示,该模型的输入为光伏电池电压 V 和电流 I,输出为占空比 D,并经脉宽调制输出开关控制信号 g。将该模型作为子系统创建,创建的子系统如图 2.18b 所示。

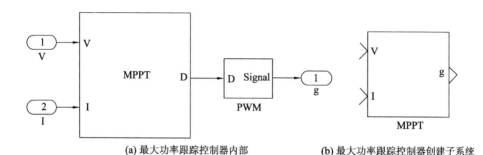

(a) 最大功率跟踪控制器内部   (b) 最大功率跟踪控制器创建子系统

图 2.18 最大功率跟踪控制器模型

2.2.3 DC-AC 逆变器

光伏逆变器根据并网与否分为并网逆变系统和独立逆变系统,并网逆变系统中光伏所发直流电将转化为与电网同频同相的交流电,可向负载供电,也可向电网输电,系统通常较大,且需要暂时的储能系统;而独立逆变系统体积小,成本低,对于交流光伏水泵系统,通常功率不大,用蓄水可代替蓄电,基本可满足一般用户需要。因此光伏水泵系统通常采用独立式逆变系统。

图 2.19 给出了典型的电压型三相桥式逆变电路,光伏水泵系统三相逆变器用脉宽调制(Pulse Width Modulation,PWM)方法来实现变频控制,PWM 根据调制方式主要分为方波调制、正弦波脉宽调制(Sine Pulse Width Modulation,SPWM)和空间电压矢量 PWM 调制(Space Vector Pulse Width Modulation,SVPWM)。

DC-AC 逆变器建模采用如图 2.19 所示的逆变电路。同样采用 Sim Power Systems 中的电力电子元件,图 2.20a 给出了系统所建立的逆变器内部结构。将模型作为子系统进行创建,创建的子系统如图 2.20b 所示。

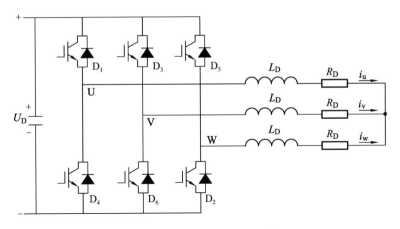

图 2.19　电压型三相桥式逆变电路

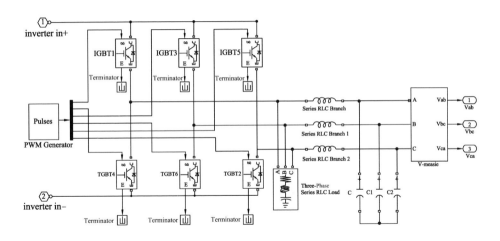

(a) DC-AC逆变器内部

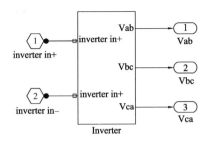

(b) DC-AC逆变器创建子系统

图 2.20　DC-AC 逆变器建模

2.2.4 控制器连接

DC-DC 变换器、最大功率跟踪控制器及 DC-AC 逆变器组成了电力电子总控制器,将三者连接并创建子系统,如图 2.21 所示。

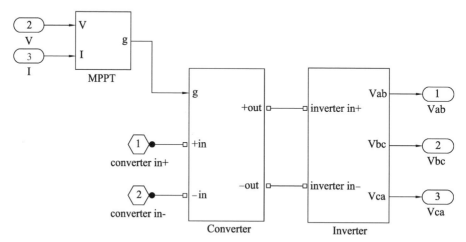

(a) DC-DC变换器、MPPT及DC-AC逆变器连接

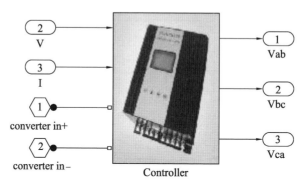

(b) DC-DC变换器、MPPT及DC-AC逆变器创建子系统

图 2.21 光伏水泵控制器

2.3 电动机

2.3.1 电动机数学模型

根据前端系统输出的交直流形式,光伏水泵所配电机主要有直流电机、无刷直流电机、永磁同步电机、三相异步电机。

(1) 直流电机(DC Motor)

使用恒磁通描述直流电机的动态模型,可表示为

$$e_a = i_a R_a + L_a \frac{\mathrm{d}i_a}{\mathrm{d}t} + e \tag{2-4}$$

$$T_e = K_T i_a \tag{2-5}$$

$$e = K_E \frac{\mathrm{d}\theta_m}{\mathrm{d}t} = K_E \omega_m \tag{2-6}$$

式中,K_T 是扭矩常数;K_E 是反电动势常数;L_a 是电枢电感;R_a 是电枢电阻,θ_m 是转子角位移;ω_m 是角速度。

(2) 永磁同步电机(Permanent Magnet Synchronous Motor)

永磁同步电机动态数学模型可表示为

$$\begin{bmatrix} v_d \\ v_q \end{bmatrix} = \begin{bmatrix} R_s + PL_d & -P\omega_m L_q \\ P\omega_m L_d & R_s + PL_q \end{bmatrix} \begin{bmatrix} i_d \\ i_q \end{bmatrix} + \begin{bmatrix} 0 \\ P\omega_m \psi_f \end{bmatrix} \tag{2-7}$$

永磁同步电机的电磁转矩由式(2-8)给出:

$$T_e = \frac{3P}{2} [\psi_f i_q + (L_d - L_q) i_d i_q] \tag{2-8}$$

式中,下标 d 和 q 分别代表(d,q)轴分量;v_d 和 v_q 是静子电压;L_d 和 L_q 是静子电感;i_d 和 i_q 是静子电流;R_s 是静子每相电阻;ψ_f 是由转子永磁架所引起的转子磁链;P 是微分算子。

(3) 三相异步电机

三相 Y 形异步感应电机的理论动态模型可通过 d-q 转子参考坐标系给出表达式:

$$\begin{bmatrix} v_{sq} \\ v_{sd} \\ 0 \\ 0 \end{bmatrix} = \begin{bmatrix} R_s + \dfrac{M^2}{L_r T_r} + p\sigma L_s & -\sigma L_s \omega_s & -\dfrac{M}{L_r T_r} & \dfrac{M}{L_r} P\omega_m \\ \sigma L_s \omega_s & R_s + \dfrac{M^2}{L_r T_r} + p\sigma L_s & \dfrac{M}{L_r} P\omega_m & -\dfrac{M}{L_r T_r} \\ \dfrac{M}{T_r} & 0 & -\left(p + \dfrac{1}{T_r}\right) & \omega_s - P\omega_m \\ 0 & \dfrac{M}{T_r} & \omega_s - P\omega_m & -\left(p + \dfrac{1}{T_r}\right) \end{bmatrix} \begin{bmatrix} i_{sq} \\ i_{sd} \\ \psi_{rq} \\ \psi_{rd} \end{bmatrix} \tag{2-9}$$

电磁转矩 T_e 为

$$T_e = \frac{3P}{2} \frac{M}{L_r} (i_{sq} \psi_{rd} - i_{sd} \psi_{rq}) \tag{2-10}$$

式(2-9)和式(2-10)中,$T_r = \dfrac{L_r}{R_r}$,$T_s = \dfrac{L_s}{R_s}$,$\sigma = 1 - \dfrac{M^2}{L_r L_s}$。

式中,下标 d 和 q 分别代表 (d,q) 轴分量;v_{sd} 和 v_{sq} 是静子电压;i_{sd} 和 i_{sq} 是静子电流;ψ_{rd} 和 ψ_{rq} 是转子磁通;R_s 和 R_r 分别是静子和转子每相电阻;L_s 和 L_r 分别是定子和转子自感;M 是定子-转子互感;ω_s 是旋转磁场的角速度。

2.3.2　电动机建模

Matlab 提供了多种电机建模方式,可以使用 Simulink 搭建数值模型,也可以使用 SimMechanics、SimElectronics 等中的元件搭建电机模型,或者直接使用其提供的现成的电机模块。本书根据电机数学方程式(2-7)和式(2-8)来建立永磁同步电机 Simulink 模型。输入端为 V_a,V_b,V_c 及电机负载扭矩 T_m,输出为轴角速度 ω。图 2.22 给出了永磁同步电机的 Simulink 模型,将该模型创建子系统并进行封装。封装参数输入界面如图 2.22b 所示,参数为式(2-7)和式(2-8)中所涉及的参数。

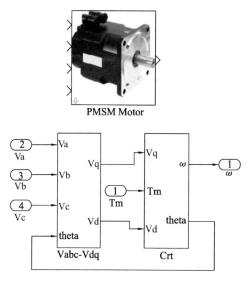

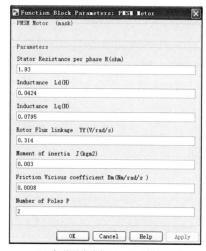

(a) 永磁同步电机子系统创建与封装　　　　　(b) 永磁同步电机Simulink封装参数

图 2.22　永磁同步电机 Simulink 模型

2.4　离心泵及管路

2.4.1　离心泵及管路数学模型

电动机驱动负载运行机械部分数学模型为

$$T_e = J_m P\omega_m + B_m\omega_m + T_L \tag{2-11}$$

式中,J_m 是电机轴总惯量;B_m 是黏性摩擦系数;T_L 是负载扭矩,离心泵作为负载时,T_L 为离心泵的水动力负载扭矩,并通过下式给出:

$$T_L = T_P = A_P \omega_m^2 \tag{2-12}$$

式中,$A_P = \dfrac{P_n}{\omega_n^3}$,$P_n$ 和 ω_m 分别为额定功率与角速度。

另一方面,离心泵通常还用流量-扬程(H-Q)特性曲线描述其性能特征,即

$$H = C_1 \omega_m^2 + C_2 \omega_m Q + C_3 Q^2 \tag{2-13}$$

式中,C_1,C_2,C_3 是与泵性能有关的常数。

有了离心泵流量-扬程特性曲线,泵运行的工况点可通过给定负载曲线得出,即

$$H = H_{st} + \Delta H \tag{2-14}$$

式中,H_{st} 是泵管路出口与自由液面几何高度之差;ΔH 是整个流动管道中的压力损失,ΔH 可由下式给出:

$$\Delta H = \left(\lambda \frac{l}{d} + \xi \right) \frac{8Q^2}{\pi^2 d^4 g} \tag{2-15}$$

式中,λ 是沿程阻力系数;l 是管路长度;d 是管路当量直径;ξ 是管路上的弯管、阀及连接处的局部压力损失系数。

2.4.2　离心泵及管路建模

离心泵及其管路包括离心泵负载扭矩的反馈、离心泵特性描述、管路参数及流量与压力的测量,模型如图 2.23 所示。

模型中离心泵输入为角速度 ω,管路输入为上、下高度值 H_0 和 H_1,扭矩传感器输出扭矩值并反馈给电机扭矩输入,压差传感器测量泵进出口压力差 P,流量传感器测量流量 Q 输出。

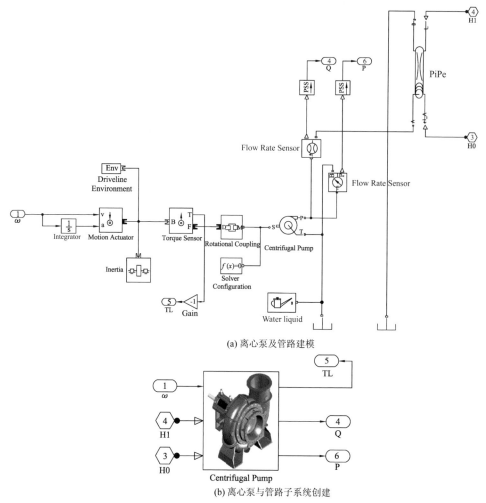

(a) 离心泵及管路建模

(b) 离心泵与管路子系统创建

图 2.23　离心泵及管路模型及其子系统创建

2.5　光伏水泵系统运行特性仿真

2.5.1　系统连接

光伏水泵系统的整体建模需要将各组成部分进行连接。光伏电池输出为电流与电压值,与控制器连接时需要用可控电流源把光伏电池电流值转换成电流源,再将光伏电池、控制器、逆变器、电机和离心泵管路系统连接在一起。连接后的光伏水泵系统整体模型如图 2.24 所示。

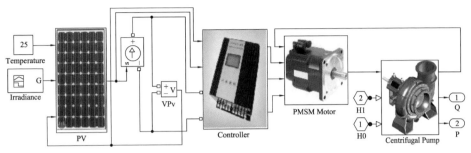

图 2.24 光伏水泵系统模型总图

2.5.2 参数设置

仿真中各部分使用的参数如下：

电池板主要参数：参考条件下（$G=1\,000\ \text{W/m}^2$，$T=25\ ℃$），电池板最大功率点电压 $V_m=180\ \text{V}$，开路电压 $V_{oc}=225\ \text{V}$，最大功率点电流 $I_m=4.2\ \text{A}$，短路电流 $I_{sc}=4.82\ \text{A}$。

永磁同步电机主要参数：额定功率 $P_n=746\ \text{W}$，转速 $n=1\,800\ \text{r/min}$，每相串联电阻 $R_s=1.93\ \Omega$，电感 $L_d=0.042\ \text{H}$，$L_q=0.079\,5\ \text{H}$，转子磁链 $\psi_f=0.314\ \text{Wb}$，转动惯量 $J_m=0.003\ \text{kg} \cdot \text{m}^2$，黏性摩擦系数 $B_m=0.000\,8\ \text{N} \cdot \text{m/(rad/s)}$。

离心泵及管路主要参数：额定功率 $P_n=560\ \text{W}$，转速 $n=1\,800\ \text{r/min}$，系数 $C_1=4.923\,4\times10^{-4}$，$C_2=1.582\,5\times10^{-5}$，$C_3=-0.04$，管路长度 $l=7.4\ \text{m}$，直径 $d=0.06\ \text{m}$，高度 $H_0=0$，$H_1=7.4\ \text{m}$，沿程阻力系数 $\lambda=0.039\,6$，局部阻力系数 $\xi=6.3$。

仿真参数设置：采用离散求解方法，$T_s=5\text{e}^{-5}\ \text{s}$，求解算法采用 ode15s，变步长求解。

2.5.3 仿真结果与分析

图 2.25 给出了不同光照强度下泵流量和扬程的变化。从图中可以看出，光照强度达到约 $250\ \text{W/m}^2$ 时泵克服管路阻力开始出水。光照强度从 $250\ \text{W/m}^2$ 增至 $1\,000\ \text{W/m}^2$，泵流量随光照强度增加近似呈抛物线关系变化。以光照强度 $600\ \text{W/m}^2$ 左右为界，小于 $600\ \text{W/m}^2$ 时流量随光照强度增加而迅速增加，大于 $600\ \text{W/m}^2$ 时流量增加趋缓。光照强度从 $250\ \text{W/m}^2$ 增至 $1\,000\ \text{W/m}^2$，泵扬程变化与流量相似。

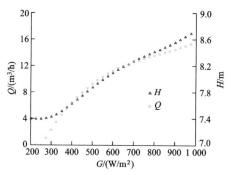

图 2.25　不同光照强度下流量和扬程变化

图 2.26 给出了不同光照强度下泵转速变化,光照强度从 200 W/m² 到 1 000 W/m²,转速从 1 000 r/min 左右增加到约 1 850 r/min。转速变化幅度约为额定转速的一半。

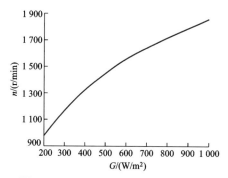

图 2.26　不同光照强度下泵转速变化

图 2.27 是不同光照强度下光伏水泵系统的效率变化。从图中可以看出,以 500 W/m² 左右为分界点,光照强度从 200 W/m² 增至 500 W/m²,效率 η 迅速从 0 提高到 9% 左右;光照强度从 500 W/m² 增至 1 000 W/m²,系统效率缓慢提高,变化幅度很小。

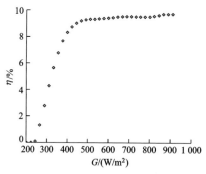

图 2.27　不同光照强度下系统效率变化

从图 2.25、图 2.26、图 2.27 可以看出,光伏水泵系统与一般用途的泵系统运行特性区别很大。在光伏水泵系统中,随着光照强度的增加,电机和泵转速随之不断增加;水泵运行的流量 Q 及扬程 H 随光照强度增加近似呈抛物线关系变化;光伏水泵系统效率 η 随光照变化先迅速提高再缓慢变化。系统运行特性呈非线性变化,泵的有效运行工况可以看作流量和转速的函数,即流量从 0 至最大流量、转速从关死点转速至最大转速的一个二维运行区域。

参考文献

［1］Masters M. Renewable and efficient electric power systems[M]. John Wiley & Sons Ltd,2004.

［2］茆美琴,余世杰,苏建徽. 带有 MPPT 功能的光伏阵列 Matlab 通用仿真模型[J]. 系统仿真学报,2005,17(5):1248 - 1251.

［3］Walker R. Evaluating MPPT converter topologies using a MATLAB PV model [C]//Australasian Universities Power and Engineering Conference,AUPEC,Brisbane,2000.

③

光伏水泵系统运行特性的试验测试

3.1 光伏电池输出特性

3.1.1 光伏电池简介

光伏水泵系统中,光伏电池是把太阳能转换成电能的关键装置。光伏电池工作的基本原理就是光生伏特效应(简称光伏效应)。

光伏效应如图3.1所示,包括三个主要的物理步骤:① 入射光子被P-N结附近的电子吸收,产生非平衡的电子-空穴对;② 非平衡的电子和空穴从产生处向势场区运动,这种运动可以是由于多子的浓度扩散,也可以是由于P-N结两侧准中性区的微弱电场引起的少子漂流;③ 非平衡的电子和空穴在势电场作用下分离,向相反方向运动。

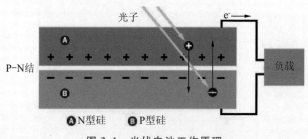

图 3.1　光伏电池工作原理

当入射光子直接打进P-N结过渡区,且能量足够大时,电子将被激发进入导带,变成自由电子,同时在价带中留下一个空穴,即一个能量足够的入射光子将产生两个带相反电荷的粒子(电子-空穴对)。被激发的电子,在结区内建电场的作用下,流向下方的 N 区;空穴在内建电场的作用下,浮向上方的 P 区。这样的结果是空穴在 P 区边界积累,电子在 N 区边界积累,产生一个与平衡 P-N 结内建电场方向相反的光生电场。

若入射光子打在 P-N 结过渡区之外的 P 侧或 N 侧,距离过渡区为一个扩散长度时,P 侧被激发的电子和 N 侧被激发的空穴仍有 1/2 的概率扩散进入结区,然后在结区内建电场的作用下发生与上述同样的运动。P-N 结外边界积累的光生载流子部分地补偿了平衡时 P-N 结过渡区的空间电荷,引起 P-N 结能障高度的降低。如果 P-N 结处于开路状态,光生载流子只能积累于 P-N 结两端,产生光生电动势。此时,在 P-N 结两端测得的电位差即太阳电池的开路电压,用 V_{oc} 表示。从能带图上看,P-N 结能障高度由平衡时的 qV_0 降低到 $q(V_0 - V_{oc})$,能障高度的降低正好是 P 区和 N 区费米能级分开的距离。在空载时,开路电压 V_{oc} 是由在光的照射下载流子的移动引起的,它相当于在 P-N 结加上一个正偏压。

如果把 P-N 结从外部短路,则 N 端积累的光生载流子-电子将经过外电路流回到 P 端,在 P 端与空穴复合。此时,流过外电路的电流(与电子流方向相反)就是光伏电池的短路电流,用 I_{sc} 表示。其方向从 P-N 结内部看是从 N 端指向 P 端,即沿反向饱和电流的方向。从外部看则是从 P 端流出,经外电路回到 N 端,这也是太阳电池电流输出的方向。当光伏电池从外部短路时,输出电压为零。光伏电池的开路电压 V_{oc} 和短路电流 I_{sc} 是衡量光伏电池性能的重要参数[1]。

3.1.2　光伏电池的 $I-V$ 特性

理想的光伏电池正常工作时,可以用一个电流为 I_{sc} 的恒流电源与一个正向二极管(P-N 结)并联的等效电路来代表,如图 3.2a 所示。在有光照时,同时存在着由光照引起的短路电流 I_{sc} 和由 P-N 结两端的负载电压引起的暗电流 I_d,它们的流动方向相反。因此,光伏电池的输出电流(只考虑大小)是短路电流和暗电流之差,即

$$I(V) = I_{sc} - I_0 \left[e^{qV/(\gamma kT)} - 1 \right] \tag{3-1}$$

式中,γ 为二极管的曲线因子,反映了 P-N 结的结构完整性对性能的影响,$1 < \gamma < 2$;I_d 为正偏压时的二极管电流,即暗电流;I_0 为二极管反向饱和电流;q 为电子电荷。

如果光强改变,I_{sc} 跟着改变,$I-V$ 曲线将整体下降或上升。在短路电流 I_{sc} 相同的情况下,降低暗电流 I_d 可以提高输出电流。P-N 结的结电压即为负载 R 上的电压降。式(3-1)就是理想光伏电池的 $I-V$ 输出特性。

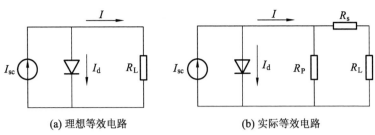

(a) 理想等效电路　　　　　　　(b) 实际等效电路

图 3.2　光伏电池的等效电路

　　实际的光伏电池存在着自身的串联电阻 R_s 和旁路电阻 R_P,它使输出的 $I-V$ 特性发生改变。实际的光伏电池等效电路如图 3.2b 所示。其中,串联电阻 R_s 是上下电极与 P-N 结之间的接触电阻和电池的体电阻的总和,旁路电阻 R_P 是由表面漏电流引起的。串联电阻增大导致光伏电池的短路电流和填充因子降低,旁路电阻减小会使填充因子和开路电压降低,但对短路电流没有影响。光伏电池的实际 $I-V$ 输出特性公式为

$$I(V) = I_{sc} - I_0 \left[e^{q(V+IR_s)/(\gamma kT)} - 1 \right] - \frac{V + IR_s}{R_P} \tag{3-2}$$

3.1.3　辐射强度对光伏电池输出特性的影响

　　太阳辐射强度是影响光伏电池输出的最重要因素。因此,有必要对辐射强度与光伏电池输出特性的关系进行研究。采用 Matlab 软件中的 Simulink 模块对 25 ℃下峰值功率为 20 W 的单晶硅光伏电池输出特性进行仿真。对辐射强度分别为 200 W/m²,400 W/m²,600 W/m²,800 W/m²和 1 000 W/m² 下的光伏电池输出特性进行了仿真和分析。

　　图 3.3 为不同辐射强度下的光伏电池输出特性。从图 3.3a 可以看出,在温度相同、输出电流相同的情况下,输出电压随着辐射强度的增加而增加,但增量较小;在输出电压一定的情况下,输出电流也随着辐射强度的增加而增加,且增量较大。光伏电池的开路电压 V_{oc} 与太阳辐射强度近似呈对数关系,而短路电流 I_{sc} 与辐射强度呈线性关系,如图 3.3c 所示。由图 3.3b 可知,光伏电池的输出功率随着辐射强度的增加而呈明显的上升趋势,且最大功率点功率 P_m 与辐射强度基本呈线性关系,如图 3.3d 所示。

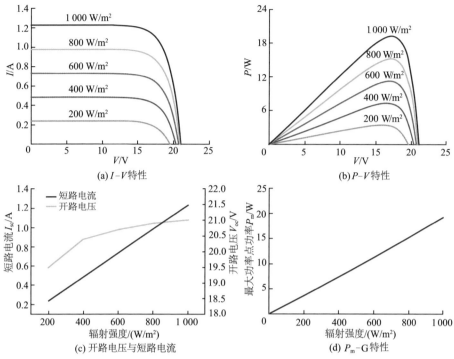

图 3.3 不同辐射强度下的光伏电池输出特性

3.1.4 温度对光伏电池输出特性的影响

光伏电池的温度对其输出特性也有很大影响。采用 Matlab 软件中的 Simulink 模块对在辐射强度为 1 000 W/m² 下，峰值功率为 20 W 的单晶硅光伏电池输出特性进行仿真研究。对温度分别为 10 ℃，20 ℃，30 ℃，40 ℃，50 ℃，60 ℃，70 ℃ 和 80 ℃ 的光伏电池输出特性进行了仿真和分析。

图 3.4 为不同温度下的光伏电池输出特性。从图 3.4a 中可以看出，随着温度的上升，光伏电池的短路电流 I_{sc} 呈线性上升，10 ℃时为 1.15 A，到 80 ℃时已上升到 1.52 A；开路电压 V_{oc} 随温度的上升呈线性下降，10 ℃时为 24.08 V，到 80 ℃时已下降至 9.76 V；开路电压 V_{oc} 的下降速度快于短路电流 I_{sc} 的上升速度。从图 3.4b 中可以看出，最大输出功率 P_m 随着温度的上升呈近似线性下降，10 ℃时为 21.25 W，80 ℃时已降至 8.85 W。

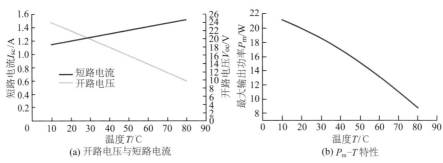

(a) 开路电压与短路电流   (b) P_m-T 特性

图 3.4 不同温度下的光伏电池输出特性

3.1.5 倾角对光伏电池输出特性的影响

倾角是指光伏电池与水平面所成的角度,改变倾角的大小可以改变光伏电池接收到的太阳辐射量。同样温度和光照条件下,当倾角与太阳高度角成 $90°$,太阳光垂直入射到光伏电池表面时,光伏电池表面接收的辐射量最大,因此光伏电池的输出功率最大,如图 3.5 所示。一般中小型光伏水泵系统不配备太阳自动跟踪系统,电池板的倾角是固定的。因此,在大部分的时间里无法保证入射光垂直于光伏电池表面。所以光伏电池板安放倾角的选择对该类光伏水泵系统的性能有重要影响。本节通过试验测试了安放倾角对光伏阵列输出特性的影响。

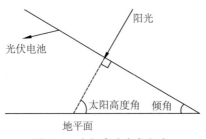

图 3.5 太阳高度角与倾角

（1）测试条件与试验方案

测试时间:2011 年 10 月 18 日 12:50—12:56,天气晴朗。由于时间很短,可以忽略太阳方位角的变化,即太阳光的入射角保持不变。测试过程中,无云层飘过,可以假设太阳辐射强度保持不变。

测试地点:镇江江苏大学流体机械工程技术研究中心。

测试方案:通过改变电池板与地面的夹角来改变倾角,角度由量角器测量。记录下倾角分别为 0°,10°,20°,40°,50°,60°,70°,80°和 90°时的开路电压和短路电流。

光伏电池规格:最大输出功率 20 W,最佳工作电压 17.82 V,最佳工作电流 1.12 A,开路电压 22.068 V,短路电流 1.2 A。光伏电池表面温度为 30 ℃,开路电压和短路电流采用万用表进行测量,试验装置如图 3.6 所示。

图 3.6　试验装置

(2) 试验结果与分析

图 3.7 为不同倾角下的光伏电池输出特性,图中极限输出功率比为各个倾角下的极限输出功率与倾角为 40°时的极限输出功率的比值。从图 3.7a 中可以看出,倾角从 0°到 90°,短路电流和开路电压都是先增大后减小,但短路电流的变化梯度较大;在倾角为 40°时(此时太阳高度角的计算值约为 50°,太阳光正好垂直入射到光伏电池表面),两者同时达到最大值。极限输出功率为开路电压和短路电流的乘积。因此,当倾角为 40°时,光伏电池的极限输出功率达到最大,如图 3.7b 所示。

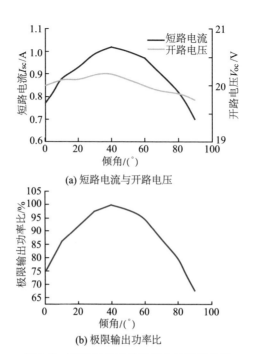

(a) 短路电流与开路电压

(b) 极限输出功率比

图 3.7　不同倾角下的光伏电池输出特性

3.1.6　光伏阵列的安装倾角

交流光伏水泵系统的功率一般都比较大，需要通过多个光伏电池组件进行串并联组成光伏阵列，对系统进行供电。由于光伏阵列的面积较大，为了节约成本，一般不会专门配备太阳跟踪器。所以光伏阵列的倾角在安装时一旦确定就无法改变，但太阳高度角在一年四季中不断变化，光伏阵列的最佳倾角也会随之改变。因此，有必要对光伏阵列的安装倾角进行研究。

在北半球，光伏阵列的朝向一般为正南。太阳高度角 α 是指太阳与地平面的夹角，可按式(3-3)计算[1,2]：

$$\sin \alpha = \sin \varphi \sin \delta + \cos \varphi \cos \delta \cos \omega \tag{3-3}$$

式中，δ 为当地纬度；φ 为赤纬角；ω 为时角。

太阳赤纬角即太阳中心与地心的连线与赤道平面的夹角，可由式(3-4)计算：

$$\varphi \approx 23.45° \times \sin[\pi(D - 80.25)/182.5] \tag{3-4}$$

式中，D 为从元旦到计算日的天数。由式(3-4)得到一年中赤纬角的变化曲线图，如图 3.8 所示。当太阳光垂直照射在地球赤道上时，赤纬角 $\varphi = 0°$；北半球冬至日太阳光垂直照射在南回归线上,赤纬角 $\varphi=-23.45°$;北半球夏至日太阳光垂直照射在北回归线上,赤纬角 $\varphi=23.45°$。

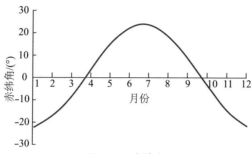

图 3.8　赤纬角

时角 ω 可由下式计算:

$$\omega=(N-12)\times15°\tag{3-5}$$

式中,N 为一天 24 小时的时刻。正午时,ω 为 0°。

由式(3-3)计算得到一年中江苏大学所在地(北纬 32°12′,东经 119°27′)的正午太阳高度角,如图 3.9 所示。

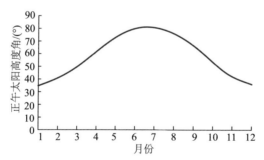

图 3.9　一年中江苏大学所在地正午太阳高度角的变化曲线

从图 3.9 中可以看出,一年中江苏大学所在地正午太阳高度角的变化区间是 34.4°～81.3°,最大与最小高度角之差为 46.9°,冬至最小,夏至最大,在春分和秋分时与纬度的值相同。

图 3.10 为 2012 年不同倾角下江苏大学(北纬 32°12′,东经 119°27′)所在地的全年斜面辐射总量。此数据是通过光伏系统设计软件 PVSYST 得到的。从图中可以看出,在倾角为 30°时,全年辐射总量最大,达到 2 575.9 kWh,在 27°～32°角度范围内,全年辐射总量都超过了 2 573.5 kWh。因此,为了得到光伏阵列全年最大功率输出,光伏阵列的倾角可取区间 $[\delta-5°,\delta]$ 内的一个角度,

其中 δ 为当地纬度。

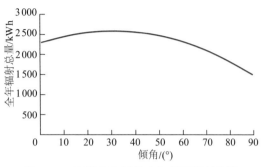

图 3.10 不同倾角下的全年斜面辐射总量

3.2 直流光伏水泵系统

为了研究直接耦合直流光伏水泵系统的出水量在一天中的变化,搭建了 20 W 直流光伏水泵系统试验台。由图 3.1 可知,太阳辐射强度是影响光伏电池输出的最重要因素。因此,有必要研究太阳辐射强度对直流光伏水泵系统出水量的影响。

3.2.1 试验装置

以 20 W 单晶硅光伏电池组件为电源,通过与一直流电机进行直接耦合,加入 3 段管路及高、低位水箱,组成了 20 W 直流光伏水泵系统试验台,如图 3.11 所示。

管路为 PE 管,管路系统静扬程为 2.5 m,流量通过水流计测定,光照强度通过太阳能表测得,太阳能表上的太阳能感应器表面与光伏电池表面平行。光伏组件的倾角选为 40°。

光伏电池组件的具体参数:最大输出功率 20 W,最佳工作电压 17.82 V,最佳工作电流 1.12 A,开路电压 22.068 V,短路电流 1.2 A。

直流水泵参数:额定功率 14 W,扬程 5 m,流量 0.6 m³/h,额定电压 12 V,额定电流 1.2 A。

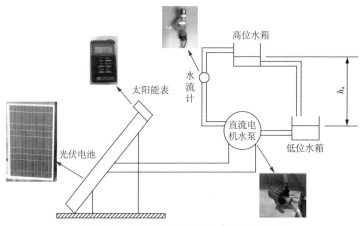

图 3.11 直流光伏水泵试验系统示意图

3.2.2 试验方案

测试时间:2011 年 11 月 6 日 9:45—15:10。每隔 5 min 记录一次太阳辐射强度和水流计转速的数据。试验期间有云层飘过,使得部分光照强度下的数据没有采集到。系统流量通过水流计的转速换算得到。

3.2.3 试验结果与分析

图 3.12 为不同太阳辐射强度下的系统出水量。从图中可以看出,当光照强度大于 500 W/m² 时,流量随着光照强度的减小而减小,近似呈线性关系。但当光照强度减小到 500 W/m² 时,流量迅速减小,呈现明显的非线性关系。当光照强度低于 420 W/m² 时,系统无法抽水。这是由于电机和光伏电池组件是直接耦合的,不存在最大功率点跟踪,使得光伏水泵系统的扬水光照强度阈值较大(扬水光照强度阈值为光伏水泵系统开始抽水时的太阳辐射强度)。这直接导致直流光伏水泵系统运行时间的减少,因为当光照强度为 420 W/m² 时,当地时间为上午 8 点 30 分左右或下午 3 点 10 分左右。

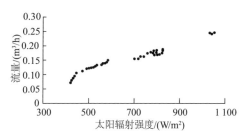

图 3.12 不同太阳辐射强度下的系统出水量

3.3 交流光伏水泵系统

目前,直流光伏水泵系统都是小功率的,因此其应用受到了一定的限制。大功率的系统都为交流光伏水泵系统,所以有必要对交流光伏水泵系统出水量在一天中的变化进行系统、深入的研究。

3.3.1 试验装置

无蓄电池式交流光伏水泵系统试验装置示意图如图 3.13 所示。泵出口压力通过 WT-1151 型智能电容式压力变送器转换成电信号,流量通过 LW-50 型涡轮流量变送器转换成电信号,流量和压力的电信号通过泵产品参数测试仪转换成数字信号并显示。

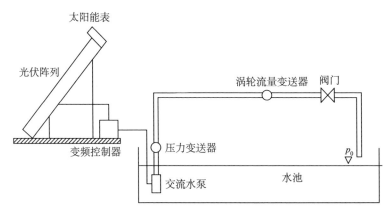

图 3.13　交流光伏水泵系统试验装置

光伏阵列的峰值功率 P_m 为 2.2 kW,由 42 个光伏组件串并联而成,如图 3.14 所示。每个光伏组件的参数:最大输出功率 53 W,最佳工作电压 17.5 V,最佳工作电流 3.04 A,开路电压 22 V,短路电流 3.36 A。

EHE-PI 变频控制器如图 3.15 所示,最佳输入直流电电压为 280～350 V,允许最大输入直流电电压为 430 V,额定输出功率为 1.5 kW,额定输出交流电电压为 200～220 V,额定输出交流电电流为 7 A。水泵参数:额定功率 1.1 kW,设计扬程 25 m,设计流量 10 m³/h。

图 3.14　光伏阵列

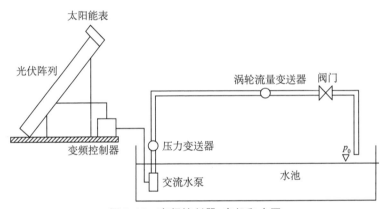

图 3.15　变频控制器、电机和水泵

　　图 3.16 为 EHE-PI 系列变频控制器主电路示意图。由图可知,直流开关可切断光伏阵列输入;最大功率跟踪实现光伏阵列的最大功率输出;Boost 电路升压至系统所需电压;H4 全桥电路将直流电逆变成交流电;输出交流电频率由电桥导通组切换时间确定;输出电压由电桥导通组的占空比来确定。

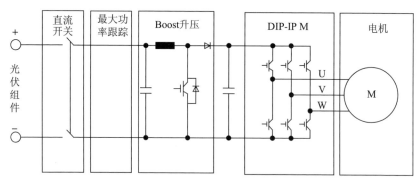

图 3.16 变频控制器主电路示意图

3.3.2 试验方案

测试时间:2012 年 7 月 28 日 12:00—16:30。每隔 5 min 左右测量一次太阳辐射强度和流量,并记录下来。

3.3.3 试验结果与分析

图 3.17 为太阳辐射强度与系统出水量随时间的变化曲线。从图中可以看出,由于云层遮挡的原因,中间有部分光照强度和流量未能测得。垂直入射到光伏阵列表面的太阳辐射强度的基本变化趋势是从中午到下午逐渐降低,光伏水泵的出水量也随之减少,且两者的变化规律基本一致。在 12 点到 13 点之间,太阳辐射强度虽然有所变化,但系统出水量始终维持在 10.1 m³/h 左右。在下午 4 点 30 分以后,系统停止抽水。

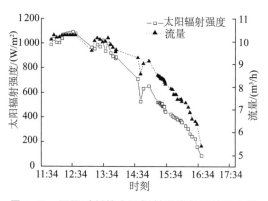

图 3.17 不同时刻的太阳辐射强度与系统出水量

图 3.18 给出了不同太阳辐射强度下交流光伏水泵系统的出水量。图中的太阳辐射强度是指直射到电池板表面的太阳辐射强度(如无特殊说明,后面图中出现的太阳辐射强度都是指直射到电池板表面的太阳辐射强度)。

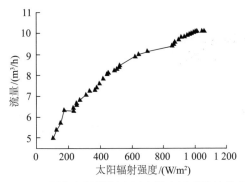

图 3.18　不同太阳辐射强度下光伏水泵系统的出水量

从图 3.18 中可以看出,当太阳辐射强度大于 1 000 W/m² 时,光伏水泵系统的出水量基本不变;当太阳辐射强度大于 500 W/m² 小于 1 000 W/m² 时,光伏水泵系统的出水量随太阳辐射强度的降低下降较缓慢;当太阳辐射强度下降到 500 W/m² 以下时,光伏水泵系统的出水量随太阳辐射强度的降低急剧减小;当太阳辐射强度低于 100 W/m² 时,光伏水泵系统停止工作。与直接耦合的直流光伏水泵系统相比,交流光伏水泵系统出水量随光照强度变化的变化趋势基本相同,但由于最大功率点算法的调节,交流光伏水泵系统的扬水光照强度阈值明显降低。

3.4　光伏阵列大小与管路特性对出水量的影响

3.4.1　光伏阵列大小对出水量的影响

为了掌握最大功率跟踪算法的工作过程及阵列大小与管路特性对光伏水泵系统出水量的影响,用光伏仿真电源代替交流光伏水泵系统试验台中的光伏阵列,对交流光伏水泵系统进行了更为深入的研究。

(1)试验装置

由于光伏阵列一旦确定就无法随意改变其峰值功率,且太阳辐射强度无规律变化,重复试验比较困难。因此,采用 Chroma 光伏仿真电源来模拟光伏阵列的输出,使得光伏水泵系统的测试条件保持一致,且不受天气变化的影响,Chroma 光伏仿真电源如图 3.19 所示。

图 3.19　Chroma 光伏仿真电源

Chroma 光伏仿真电源可以模拟光伏阵列的 I-V 曲线,能提供的最大输出功率为 5 kW,最大开路电压为 600 V,最大短路电流为 8.5 A。除了模拟光伏阵列 I-V 曲线外,光伏仿真电源还可以验证变频控制器中最大功率点跟踪的效率及工作过程。

用光伏仿真电源替换交流光伏水泵系统中的光伏阵列组成新的交流光伏水泵试验系统,如图 3.20 所示。

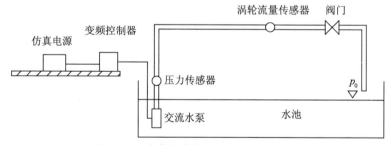

图 3.20　光伏仿真电源试验装置示意图

（2）试验方案

光伏阵列的大小保持不变,即保持 1 000 W/m²,25 ℃下光伏阵列的峰值功率不变,光照强度从 1 200 W/m² 逐渐降低,每隔 100 W/m² 记录一次光照强度、流量、光伏阵列的输出功率及此光照下光伏阵列的峰值功率;当光照强度降低到 100 W/m² 后,每隔 10 W/m² 记录一次数据,直至流量为零,即系统无法抽水。改变光伏阵列大小,重复上述测试过程。

（3）试验结果

图 3.21 为不同光照强度下，峰值功率分别为 1 200 W，1 500 W，1 800 W 的光伏阵列的系统出水量。

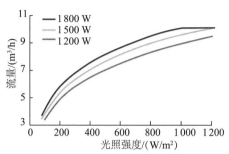

图 3.21 不同峰值功率下的系统出水量

从图 3.21 中可以看出，在同一光照强度下，光伏阵列的峰值功率越大，光伏水泵系统的出水量越大，光伏水泵系统的扬水光照强度阈值越低。在同一峰值功率下，在光照强度较高（大于 500 W/m²）时，光伏水泵系统的出水量随着光照强度的降低下降较缓慢，但当光照强度下降到 500 W/m² 及以下时，光伏水泵系统的出水量随着光照强度的降低急剧减小。

峰值功率为 1 200 W 和 1 500 W 时，系统出水量随着光照强度的增加呈单调上升趋势；但当峰值功率为 1 800 W 且光照强度大于 1 000 W/m² 时，光伏水泵系统的出水量保持不变，这是由于变频控制器的频率已达到上限频率 50 Hz，出水量无法再上升。此时，光伏仿真电源的最大功率点跟踪已经失效，如图 3.22 所示。

从图 3.22 中可以看出，当光照强度大于 1 000 W/m² 时，光伏仿真电源的输出功率无法达到最大功率点。随着光照强度的上升，光伏仿真电源的输出功率偏离最大功率点越远。

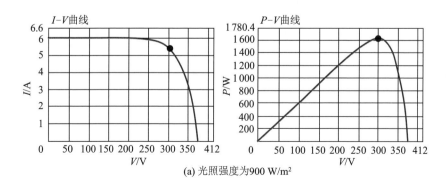

(a) 光照强度为900 W/m²

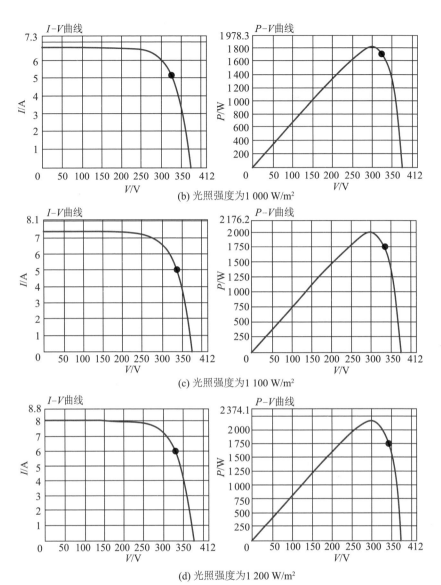

图 3.22　不同光照强度下光伏仿真电源的输出特性曲线

　　表 3.1 为不同光照强度下,最大功率点跟踪算法的效率。由表可知,当光照强度低于 1 000 W/m² 时,最大功率点跟踪的效率都在 99% 以上;但当光照强度高于 1 000 W/m² 时,随着光照强度的增加,光伏仿真电源的实际输出功率基本不变,最大功率点跟踪的效率越来越低。

表 3.1　不同光照强度下最大功率点跟踪算法的效率

光照强度/(W/m²)	峰值功率/W	实际输出功率/W	效率/%
100	179.9	178.5	99.2
400	719.3	718.8	99.9
700	1 259.1	1 255.7	99.7
900	1 618.6	1 617.6	99.9
1 000	1 798.5	1 712.6	95.2
1 100	1 978.4	1 711.6	86.5
1 200	2 158.3	1 713.3	79.4

综上所述,增大光伏阵列的峰值功率能提高光伏水泵系统的出水量,并能降低光伏水泵系统的光照强度阈值使得光伏水泵系统更早地运行,更晚地停止工作。但如果一味增加光伏阵列的峰值功率,在较高光照强度下,会使光伏阵列的利用效率下降,抽水成本也随之上升。因此,应根据光伏水泵运行的最大负载合理选择光伏阵列的峰值功率。

3.4.2　管路特性对光伏水泵系统出水量的影响

(1)理论分析

管路特性曲线中的装置扬程 H_z 由三部分组成,包括势能、压能和整个管路系统的水力损失,如图 3.23 所示。

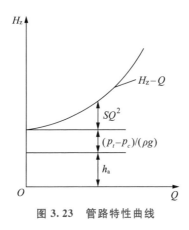

图 3.23　管路特性曲线

势能是指管路进出口液面的高度差 h_a;压能为管路进出口液面的压力之差,即 $\dfrac{p_t - p_c}{\rho g}$;管路的水力损失主要是沿程阻力损失与局部阻力损失,其理论

计算公式为

$$h_s = \sum h_f + \sum h_j = \sum \frac{\lambda L}{D} \frac{\overline{v}^2}{2g} + \sum \zeta \frac{\overline{v}^2}{2g} = SQ^2 \qquad (3\text{-}6)$$

式中,λ 为沿程阻力系数;L 为管路长度;D 为管路直径;ζ 为局部阻力损失系数。

在光伏水泵系统中,管路特性曲线可简化为

$$H_z = h_a + SQ^2 \qquad (3\text{-}7)$$

由式(3-7)可知,影响光伏水泵系统管路特性曲线形状的参数主要有管路静扬程 h_a 和管路阻力系数 S。

(2)试验方案

为了研究管路静扬程 h_a 和管路阻力系数 S 对光伏水泵系统出水量的影响,通过改变阀门开度来调整管路阻力系数 S,通过改变阀门后的管路向下出水和向上出水来改变管路静扬程 h_a,如图3.24所示。

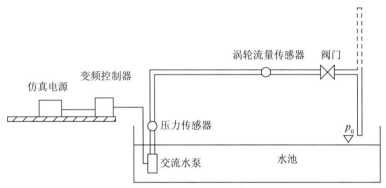

图 3.24 不同管路特性试验装置示意图

方案一:不同静扬程。阀门开度保持不变,管路向下出水,光照强度从 1 200 W/m² 逐渐降低,每隔 100 W/m² 记录一次光照强度、流量、光伏阵列的输出功率和此光照下光伏阵列的峰值功率;当光照强度降低到 100 W/m² 后,每隔 10 W/m² 记录一次数据,直至系统无法抽水。阀门开度保持不变,管路向上出水,重复上述测试过程。

方案二:不同管路阻力系数。管路保持向下出水,阀门保持全开,光照强度从 1 200 W/m² 逐渐降低,每隔 100 W/m² 记录一次光照强度、流量、光伏阵列的输出功率和此光照下光伏阵列的峰值功率;当光照强度降低到 100 W/m² 后,每隔 10 W/m² 记录一次数据,直至系统无法抽水。管路保持向下出水,减小阀门开度至光伏水泵能工作在额定工况点,重复上述测试过程。

（3）试验结果与分析

图 3.25 为不同静扬程下光伏水泵系统的出水量。从图中可以看出，随着光照强度的上升，不同静扬程下系统出水量先增加后保持不变；在相同光照强度下，随着静扬程的上升，光伏水泵系统的出水量有所减小。

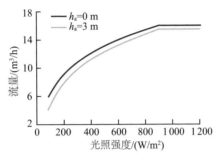

图 3.25 不同静扬程下光伏水泵系统的出水量

图 3.26 为不同光照强度下，静扬程 h_a 分别为 0 m 和 3m 时，系统出水量的差值。从图中可以看出，随着光照强度的上升，系统出水量的差值不断减小直至不变。光照强度小于 200 W/m^2 时，系统出水量的差值下降较快，从 1.86 m^3/h 减小到 1.14 m^3/h；光照强度为 300～900 W/m^2 时，系统出水量的差值下降变缓，只从 0.99 m^3/h 下降至 0.59 m^3/h；光照强度大于 900 W/m^2 时，系统出水量的差值保持在 0.59 m^3/h 不变。

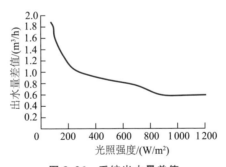

图 3.26 系统出水量差值

图 3.27 为不同管路阻力系数下光伏水泵系统的出水量。图中额定点是指在额定转速下，调节阀门开度使得泵正好运行在额定工况点。从图中可以看出，在相同光照下，随着管路阻力系数的减小，光伏水泵系统的出水量增大。

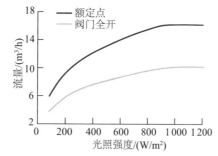

图 3.27　不同管路阻力系数下光伏水泵系统的出水量

图 3.28 为不同光照强度下,阀门全开和额定工况点阀门开度时,系统出水量的差值。从图中可以看出,随着光照强度的上升,系统出水量的差值先增大后有略微减小,最后不变。光照强度小于 900 W/m² 时,系统出水量差值从 2.31 m³/h 上升到 6.19 m³/h;光照强度从 900 W/m² 变为 1 000 W/m² 时,系统出水量差值从 6.19 m³/h 略微下降到 5.94 m³/h;光照强度大于 1 000 W/m² 时,系统出水量差值保持在 5.94 m³/h 不变。

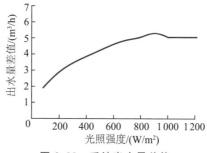

图 2.28　系统出水量差值

参考文献

[1] 左然,施明恒,王希麟.可再生能源[M].北京:机械工业出版社,2007.

[2] 崔容强,赵春江,吴达成.并网型太阳能光伏发电系统[M].北京:化学工业出版社,2007.

④ 光伏水泵系统动态特性试验测试

在实际运行过程中,太阳能辐射的不稳定性导致光伏水泵运行转速不断变化,从而使光伏水泵一直在变工况下运行,因此系统的运行呈现出动态特性。我们搭建了光伏水泵系统测试台,试验测试了太阳辐射强度瞬变下的系统动态特性,探究系统主要参数与系统出水量之间的关系,从而建立系统出水量预测模型。

4.1 光伏水泵性能测试系统

4.1.1 试验测试装置

在江苏大学搭建了光伏水泵系统的开式试验台,如图 4.1 所示。试验回路系统主要包括配电柜、光伏阵列模拟电源、逆变器、泵参数测量仪、模型泵、压力脉动传感器、压力变送器、出口管路、电磁流量计、出口调节阀、泵安装水箱、循环水箱、水箱连接阀、循环管路和计算机等。

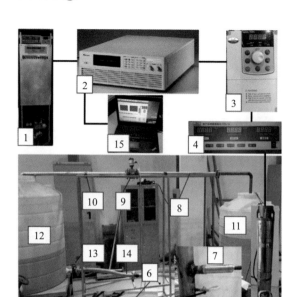

1—配电柜；2—光伏阵列模拟电源；3—逆变器；4—泵参数测量仪；5—模型泵；6—压力脉动传感器；7—压力变送器；8—出口管路；9—电磁流量计；10—调节阀；11—泵安装水箱；12—循环水箱；13—水箱连接阀；14—循环管路；15—计算机

图 4.1　光伏水泵系统性能测试试验台

4.1.2　试验装置原理

配电柜给光伏阵列模拟器提供电源，光伏阵列模拟器模拟光伏阵列的特性，输出的直流电经逆变器转换为交流电驱动光伏水泵电机运行；模型泵连接管路固定安装于水箱内，泵出口管道上距泵出口 2 倍管径处打 1 个测压孔，安装压力脉动传感器，用于压力脉动信号的采集；压力变送器安装于距泵出口 4 倍管径处，测量泵出口的压力，从而得到泵的扬程；电磁流量计安装于管路上用于测量泵出口流量，出口调节阀用于调节泵出口流量，使泵在不同工况下运行；泵从水箱里抽出的水流到循环水箱内，水箱连接阀开启，两个水箱的水形成的水位差使循环水箱内的水经水箱连接管路流到泵安装水箱内。

4.1.3　数据采集系统

数据采集系统包括光伏阵列模拟电源、光伏水泵控制器、压力变送器、压力显示仪表、压力脉动传感器、电磁流量计和泵参数测试仪，实现性能参数的同步采集。系统测试仪器性能参数如表 4.1 所示。

表 4.1 光伏水泵性能测量仪器及性能参数

仪器名称	型号	用途	量程	精度
光伏阵列模拟电源	Chroma 62050H-600S	模拟光伏电池板功能	输出电压 0～600 V 输出电流 0～8.5 A 输出功率 0～5 000 W	±0.1%
光伏水泵控制器	蓝海华腾 RS-P-4D 3600	将光伏阵列输出的直流电转为三相交流电	输入电压 520～650 V 输出频率 0～60 Hz	±0.5%
压力脉动传感器	成都泰斯特 CY301	测量泵出口压力脉动	压力 0～600 kPa	±0.1%
压力变送器	杭州米科 MIK-P300	测量泵出口压力	0～1 MPa	±0.5%
电磁流量计	上海肯特 KEF-DN50	测量泵出口流量	1～30 m³/h	±0.5%
泵参数测试仪	TPA-3A	采集泵电机输入功率		±2%

（1）光伏阵列模拟电源

光伏水泵系统实际运行时，太阳辐射强度的不稳定性使得光伏阵列的输出功率不断变化。为了获得稳定日照条件下光伏阵列的输出特性，采用光伏阵列模拟电源替代光伏电池板阵列进行试验。采用 Chroma 公司型号为 62050H-600S 的可程控光伏阵列模拟电源，如图 4.2 所示，其输出电压为 0～600 V，输出电流为 0～8.5 A，输出功率为 0～5 000 W，测量精度在 0.1% 以内。光伏阵列模拟电源配备相应的控制软件，软件操作界面如图 4.2 所示。

图 4.2 光伏阵列模拟电源及软件界面

（2）光伏逆变器

选用蓝海华腾 RS-P-4D 3600 型光伏水泵逆变器，如图 4.3 所示，其输入电压为 520～650 V,输入额定电流为 10.2 A,输出电压为三相 380 V,输出额定电流为 8.5 A,额定功率为 3 000 W,效率可达 93%～99%。

（3）压力变送器

出口压力采集采用杭州米科 MIK-P300 型压力变送器,量程为 0～1 MPa,测量精度 0.5 级,如图 4.4 所示。由于该传感器完全潜于水下工作,所选用的仪器防水等级为 IP68。

图 4.3　光伏水泵逆变器　　　　图 4.4　压力变送器

（4）压力脉动传感器

泵出口压力脉动的测量采用成都泰斯特公司 CY301 高频动态压力变送器,如图 4.5 所示。该传感器量程为 0～600 kPa,精度在 0.1% 以内,通过 USB 接口与电脑连接,配套的软件操作界面如图 4.5 所示。由于选用的模型泵完全潜于水下工作,一般的转速测量仪器在这种情况下存在一定的局限性,通过泵出口压力脉动的测量可以间接获得模型泵的运行转速,转速 n 求解公式为

$$n = 60 f_{APF} \tag{4-1}$$

式中,f_{APF} 为相应转速下的轴频。

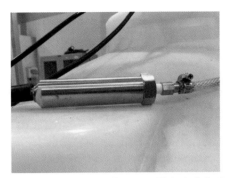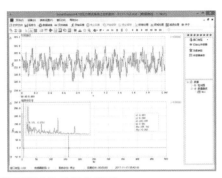

图 4.5　压力脉动传感器及测试软件操作界面

（5）电磁流量计

通过上海肯特 KEF-DN50 型电磁流量计获取流量数据，如图 4.6 所示。流量计采用分体结构进行数表显示，量程为 1～30 m³/h，精度等级为 0.5 级，输出信号为 4～20 mA 电流信号，工作压力低于 4.0 MPa。本试验台与流量计连接的直管段长度均大于 10 倍内径，确保了测量的准确性。

图 4.6　电磁流量计及数显表

（6）泵参数测试仪

采用 TPA-3A 的泵产品参数测量仪对泵电机的输入电流、电压和功率进行测量，如图 4.7 所示。该仪器的电压、电流测量精度为 1%，功率的测量精度为 2%。

图 4.7　泵产品参数测量仪

4.2　试验内容及试验方案

4.2.1　试验内容

试验内容主要包含以下 5 个方面：

① 能量性能测试,采用电磁流量计和压力变送器分别测量不同输入频率下的泵流量和泵出口压力。

② 泵出口压力脉动测试,通过高频动态压力变送器进行不同工况下的压力脉动测量。

③ 光伏阵列容量选取试验,结合所选光伏水泵的功率,做不同光伏阵列容量下系统的性能测试。

④ 系统动态特性测试,针对太阳辐射强度瞬变情况,测试光伏阵列输出特性、出水流量和泵出口的压力脉动。

⑤ 出水量预测模型验证试验,对不同太阳辐射强度变化下的出水量进行试验测试,以验证建立的出水量预测模型的准确性。

4.2.2　试验方案

（1）能量性能试验

对试验所选用的模型泵在不同工况下运行时的流量、扬程、功率等能量性能及泵出口压力脉动进行测量。

（2）光伏水泵系统最优配置

光伏水泵系统组件之间的匹配性影响了系统运行特性,在试验系统最优配置下进行动态特性试验的研究更具有意义,因此在进行光伏水泵系统动态特性试验研究之前,首先确定光伏阵列容量和阀门开度,使光伏水泵系统达到最优配置。

光伏阵列容量选取：结合所选光伏水泵的功率，对 700 W，800 W，900 W，1 000 W，1 100 W，1 200 W，1 300 W，1 400 W 和 1 500 W 等不同光伏阵列容量配置下的系统性能进行测试；调节光伏阵列模拟电源，分别测得不同光伏阵列容量、不同太阳辐射强度（400 W/m²，500 W/m²，600 W/m²，700 W/m²，800 W/m²，900 W/m² 和 1 000 W/m²）下的光伏阵列输出功率、光伏水泵流量、光伏水泵扬程及泵出口压力脉动。根据测得的试验数据计算不同光伏阵列容量配置下的系统日均效率、子系统日均效率及每立方水的出水成本，以选取最优的光伏阵列容量。

最优阀门开度：调节试验装置的出口阀，使得泵在额定转速下 $0.9Q_d$ 工况运行，然后保持该阀门开度不变，测试系统的运行性能，再分别完成 $1.0Q_d$，$1.1Q_d$，$1.2Q_d$，$1.3Q_d$ 和 $1.4Q_d$ 工况下的测试，得到不同运行流量下系统日均效率和日均出水量，以调节最优的阀门开度。

（3）光伏水泵系统动态特性试验

针对太阳辐射强度瞬变情况，在试验系统最优配置下对不同太阳辐射强度变化梯度下光伏阵列输出功率和泵出口压力脉动进行测试。

在光伏阵列模拟电源中导入太阳辐射强度变化曲线及温度，温度设定为 25 ℃，瞬态变化的经历时间为 1 s。

太阳辐射强度瞬态升高梯度为 100 W/(m²·s) 对应的变化方案：400～500 W/m²，500～600W/m²，600～700 W/m²，700～800 W/m²，800～900 W/m² 和 900～1 000 W/m²；升高梯度为 200 W/(m²·s) 对应的变化方案：400～600 W/m²，600～800 W/m² 和 800～900 W/m²。

太阳辐射强度瞬态降低时，降低梯度为 100 W/(m²·s) 所对应的太阳辐射强度变化方案：1 000～900 W/m²，900～800 W/m²，800～700 W/m²，700～600 W/m²，600～500 W/m² 和 500～400 W/m²；瞬态降低梯度为 200 W/(m²·s) 对应的太阳辐射强度变化方案：1 000～800 W/m²，800～600 W/m² 和 600～400 W/m²。

（4）出水量预测模型验证试验

在光伏阵列模拟电源中导入 4 组 30 min 内不同变化的太阳辐射强度数据，试验测得出水量，并与出水量预测模型计算得到的结果进行对比，以验证建立的出水量预测模型的准确性。

4.3 试验结果与分析

4.3.1 外特性分析

试验模型泵实物如图 4.8 所示,其基本设计参数:流量 $Q_d = 4$ m³/h,扬程 $H_d = 30$ m,级数 $N = 6$。

图 4.9 给出了光伏水泵电机输入频率 50 Hz 下的外特性曲线($n = 2\,753$ r/min)。

由图 4.9 中的流量-扬程曲线可以看出,随着流量的增大模型泵扬程逐渐降低,呈现单调递减趋势,设计工况点 $1.0Q_d$ 处的扬程为 27.3 m;由流量-效率曲线可以看出,随着流量的增加机组效率逐渐增至最大值后再减小,设计工况下的机组效率达到最大值,为 38.99%。

 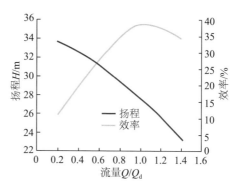

图 4.8　模型泵　　　**图 4.9　模型泵能量性能试验曲线**

4.3.2 相似定律适用性分析

光伏水泵系统在运行时,随着太阳辐射强度的降低,光伏阵列输出功率逐渐减小,经逆变器转换后的交流电频率降低,从而导致光伏水泵运行转速降低。为验证泵相似定律对不同转速下光伏水泵性能的适用性,分别对模型泵电机输入频率 50 Hz,45 Hz,40 Hz,35 Hz,30 Hz 和 25 Hz 下的外特性进行测试。

图 4.10 为电机在不同输入频率下的压力脉动频谱图,根据频谱图可以获取相应转速下的轴频,由公式(4-1)计算求解出不同电机输入频率对应转速,电机输入频率 50 Hz,45 Hz,40 Hz,35 Hz,30 Hz 和 25 Hz 对应的转速

分别为 2 753 r/min,2 476 r/min,2 212 r/min,1 952 r/min,1 686 r/min 和 1 415 r/min。

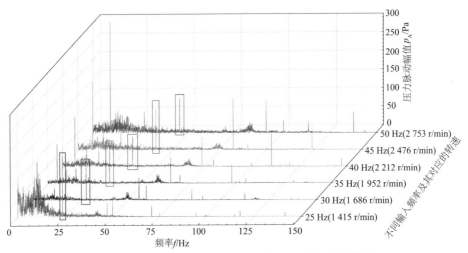

图 4.10　电机不同输入频率下泵出口压力脉动频谱图

试验测得不同转速下泵的流量和扬程,流量-扬程曲线如图 4.11a 所示。由图可以看出,不同转速下,流量-扬程有着相似的规律,扬程都随流量的增大而减小;相同阀门开度下,随着转速的降低,流量和扬程均有所下降。

为了更好地反映相似定律在模型泵中的适用性,分别对不同转速下的流量和扬程做无量纲处理,无量纲流量 C_Q 和无量纲扬程 C_H 计算公式为

$$C_Q = Q/(\pi b_2 D_2 u_2) \tag{4-2}$$

$$C_H = 2gH/u_2^2 \tag{4-3}$$

式中,b_2 为叶片出口宽度,m;D_2 为叶轮的出口直径,m;u_2 为叶轮出口周向速度,m/s。

图 4.11b 给出了不同转速下流量和扬程无量纲化后的 C_Q-C_H 曲线。由图可以看出,转速 2 753 r/min 时 $1.0Q_d$ 工况的无量纲流量和扬程分别为 0.067 8 和 4.425 2;无量纲化后的 C_Q-C_H 点集中在 C_Q-C_H 曲线(转速 2 753 r/min)附近,且同一阀门开度下的 C_Q-C_H 点相对集中,说明相似定律对于模型泵有着较好的适用性。

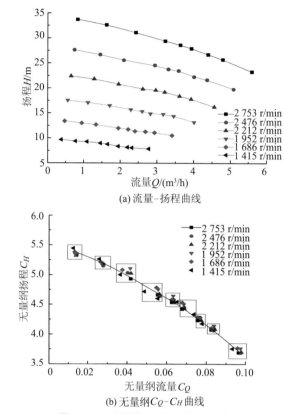

(a) 流量-扬程曲线

(b) 无量纲C_Q-C_H曲线

图 4.11 不同转速下流量-扬程曲线

4.3.3 光伏阵列选取

光伏阵列是光伏水泵系统的电源部分,选取过大或过小会影响系统的运行效率和系统成本,系统组件之间的匹配性会降低。因此,合理地选取光伏阵列容量至关重要。

(1) 不同光伏阵列容量下的系统性能

图 4.12 给出了不同光伏阵列容量配置下太阳辐射强度分别与光伏阵列输出功率、转速、流量和扬程之间的关系。

由图 4.12a 可以看出,同一光伏阵列容量下,随着太阳辐射强度的增大,光伏阵列吸收了更多的能量,光伏阵列的输出功率不断增大;当光伏阵列容量为 1 500 W 时,光伏阵列输出功率达到饱和所需要的最小太阳辐射强度为 700 W/m²;随着光伏阵列容量的逐渐减小,系统达到饱和光伏阵列输出功率所需的最小光照辐射强度逐渐增加;当光伏阵列容量为 1 100 W 时,所需最小太阳辐射强度已达到 900 W/m²；随着光伏阵列容量的进一步减小，所需最小太阳辐射强度已超过 1 000 W/m²。

由图 4.12a 还可以看出，在光伏阵列输出功率未达到饱和值之前，随着太阳辐射强度升高，较大光伏阵列容量的输出功率变化幅度较大，这是由于相同太阳辐射强度下，较大光伏阵列容量获取的太阳能更多，从而转换的功率更大。

由图 4.12b 可以看出，光伏阵列容量较大时，在相对较低的太阳辐射强度下，转速即可达到额定转速；太阳辐射强度在 400~600 W/m² 范围内，随着光伏阵列容量的逐渐减小，光伏水泵转速的变化幅度变缓。

由图 4.12c 可以看出，在系统未达到饱和运行之前，相同太阳辐射强度下，光伏水泵流量随着光伏阵列容量的增大而增大，其原因是较大的光伏阵列容量可以获取更多的能量，光伏阵列输出功率增大，从而泵的转速提高，相同阀门开度下，流量提高。对比图 4.12b 和图 4.12c 可知，流量与转速的变化趋势基本一致，这是由于试验时太阳辐射强度保持稳定，模型泵能够稳定运行，根据泵的相似定律可知流量与转速之间为线性关系，即 $Q_M/Q = n_M/n$。

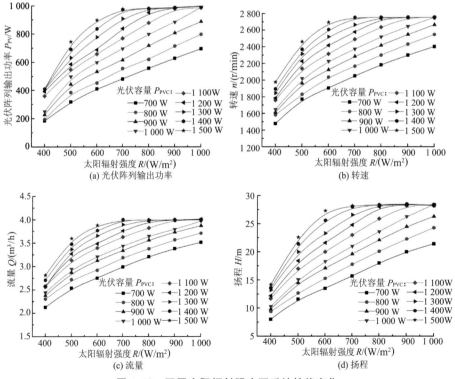

图 4.12　不同太阳辐射强度下系统性能变化

由图 4.12d 可以看出,不同光伏阵列容量下,扬程与太阳辐射强度的变化趋势和光伏阵列输出功率、转速、流量的变化几乎一致,较大光伏阵列容量下,扬程随太阳辐射强度的变化较为显著,这是由于泵相似定律扬程与转速之间的关系为 $H_M/H = (n_M/n)^2$。

综上所述,不同太阳辐射强度下的光伏阵列输出功率与光伏水泵的转速、流量和扬程变化较为相似,即随太阳辐射强度的增大均近似呈抛物线分布;同一光伏阵列容量下,随着太阳辐射强度的增大,系统运行更接近于饱和状态,当太阳辐射强度达到一定值时,系统饱和运行;当光伏阵列容量增大时,系统饱和运行所需的最低太阳辐射强度逐渐降低。

(2)系统日均效率和子系统效率

太阳辐射强度的不稳定性使得光伏水泵系统的效率不断变化。因此,对系统效率评估时一般都考虑系统的日均效率、月均效率或年均效率。此处对系统的日均效率进行研究。

整体系统的日均效率计算公式为

$$\eta_{Sys} = \frac{光伏水泵输出能量}{太阳辐射能量} = \frac{\int_{t_1}^{t_2} \rho g Q(t) H(t)/3\ 600 \mathrm{d}t}{\int_{t_1}^{t_2} R(t) A \mathrm{d}t} \times 100\% \quad (4-4)$$

式中,ρ 为流体密度,kg/m^3;g 为重力加速度,m/s^2;$Q(t)$ 为体积流量,m^3/h;$H(t)$ 为扬程,m;$R(t)$ 为光伏阵列的垂直太阳辐射强度,W/m^2;A 为光伏阵列的面积,m^2;t_1,t_2 分别为计算的初始时间和结束时间,s。

将逆变器和光伏水泵定义为光伏水泵系统子系统,子系统效率计算公式为

$$\eta_{Sub} = \frac{光伏水泵输出能量}{光伏阵列输出能量} = \frac{\int_{t_1}^{t_2} \rho g Q(t) H(t)/3\ 600 \mathrm{d}t}{\int_{t_1}^{t_2} P_{PV}(t) \mathrm{d}t} \times 100\% \quad (4-5)$$

式中,$P_{PV}(t)$ 为光伏阵列输出功率,W。

每天的太阳辐射强度变化不一,此处取太阳辐射强度分布为

$$R(t) = R_{max} \sin(\pi t/T) \quad (4-6)$$

式中,R_{max} 为全天最高太阳辐射强度,根据使用条件取值为 1 000 W/m^2;T 为太阳辐射强度时长,取 12 h。

根据图 4.12 光伏阵列输出功率、流量和扬程与太阳辐射强度近似呈抛物线关系的特点,将光伏阵列输出功率、流量和扬程与太阳辐射强度拟合成三次方函数,即光伏阵列输出功率与太阳辐射强度的关系为

$$P_{PV}(R) = a_1 + b_1 R + c_1 R^2 + d_1 R^3 \tag{4-7}$$

流量与太阳辐射强度的关系为

$$Q(R) = a_2 + b_2 R + c_2 R^2 + d_2 R^3 \tag{4-8}$$

扬程与太阳辐射强度的关系为

$$H(R) = a_3 + b_3 R + c_3 R^2 + d_3 R^3 \tag{4-9}$$

式中，a, b, c, d 均为常数。

将式(4-6)～式(4-9)分别代入式(4-4)和式(4-5)计算光伏水泵系统的整体日均效率和子系统效率。图 4.13 给出了不同光伏阵列容量下系统日均效率和子系统日均效率的计算结果。

从图 4.13 中子系统日均效率曲线可以看出，随着光伏阵列容量的增大，子系统日均效率持续提高；光伏阵列容量从 700 W 变化到 800 W 时，子系统效率变化较大，提高了 1.13 个百分点；光伏阵列容量高于 800 W 时，随着光伏阵列容量的增大，子系统日均效率的上升趋势逐渐趋缓，从 1 300 W 变化到 1 400 W 时子系统日均效率提高较小，仅提高了 0.14 个百分点。

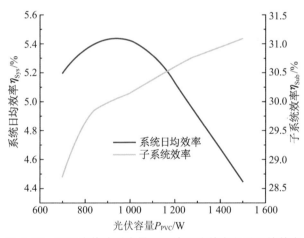

图 4.13　不同光伏阵列容量下系统日均效率和子系统效率

引起子系统日均效率变化的原因是相同太阳辐射强度下，随着光伏阵列容量的增大，子系统在高效区运行的时间相应延长；当光伏阵列容量增大时，子系统在相对较低太阳辐射强度下的转速即可达到最大值，且由于这部分太阳辐射强度能量占总量的比例非常小，所以子系统效率的增加显得十分有限，变化幅度缓慢。

从图 4.13 中系统的日均效率曲线可以看出，随着光伏阵列容量的逐渐增大，系统的日均效率先逐渐增大到最大值，然后逐渐下降，光伏阵列容量为

1 000 W 时,系统日均效率达到最大值,为 5.44%。

系统日均效率随光伏阵列容量变化的原因是当光伏阵列容量增加到一定程度时,足够大的光伏阵列容量使得在低太阳辐射强度下的能量得到了充分利用,但当容量再增大时,低太阳辐射强度下的系统运行已达到饱和,这时再增加阵列容量,光伏水泵系统的流量和扬程亦不会继续增加,而此时光伏阵列接收外界太阳光的功率增加,从而使得整体系统效率随之降低。

（3）日均出水量和出水成本

在光伏水泵系统中,组件成本较高使得系统的造价提高。因此系统的经济性也是设计光伏水泵系统最值得关注的问题之一,需要合理选配光伏阵列容量。

本书考虑系统组件(光伏阵列、逆变器、光伏水泵等)成本和维护运行成本,设定系统至少可运行 15 年,对不同光伏阵列容量的日均出水量和出水成本进行计算,如图 4.14 所示。

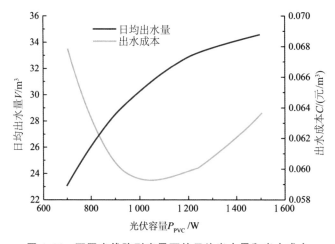

图 4.14　不同光伏阵列容量下的日均出水量和出水成本

由图 4.14 可以看出,随着光伏阵列容量的增大,系统日均出水量逐渐增大,但增加趋势逐渐减缓,这是由于在同样的太阳辐射强度下,容量较大的光伏阵列输出功率较大,使得系统转速提高,在同样的阀门开度下系统的流量增大;每立方米水的出水成本先降低再升高,光伏阵列容量较低时,系统较低的日均出水量导致出水成本提高,而造成光伏阵列容量较高条件下出水成本提高的原因是系统组件的成本提高;光伏阵列容量配置为 1 000 W 时的出水成本最低,为 0.059 14 元/m³。

综上分析可知,光伏阵列容量的选取需要考虑系统整体效率,还需兼顾系统的经济性;光伏阵列容量为 1 000 W 时,整体系统日均效率达到最大值,且此时的出水成本最低。

4.3.4　最优出口阀门开度

能够使光伏水泵系统出水的最低太阳辐射强度,称为该光伏水泵系统的"扬水阈值"。扬水阈值也是评判光伏水泵系统的重要指标之一。对于某一固定系统,阀门开度是影响扬水阈值的最重要的因素之一。

因此,需要对不同运行流量下系统日均效率和日均出水量进行研究,以确定合理的出口阀门开度,如图 4.15 所示。

由图 4.15 可以看出,随着流量的增大,系统日均效率和日均出水量逐渐增大,且增大幅度逐渐变缓,这是由于流量增大使得光伏水泵系统达到既定扬程所需的太阳辐射强度增大,系统在高效区运行,光照提供有效能量的时间缩短,一天所能提供给系统的总能量减小,从而导致系统日均效率和日均出水量增大变缓;而流量增大,光伏水泵运行需要获得更多的能量,从而使系统的扬水阈值增大。兼顾系统的扬水阈值,选取流量在 $1.2Q_d$ 工况时的出口阀门开度较为合理,此时的扬水阈值为 358 W/m^2。

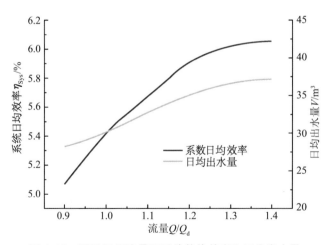

图 4.15　不同运行流量下系统整体效率和日均出水量

上述分析研究了光伏水泵系统光伏阵列容量和阀门开度的确定方法,当光伏阵列容量为 1 000 W 以及阀门开度调节至 $1.2Q_d$ 工况时,系统整体效率最大、日均出水成本最低、扬水阈值最合理,试验系统部件达到最优配置。

4.3.5 太阳辐射强度瞬变下的系统动态特性分析

光伏水泵系统在实际运行过程中受外界因素影响较大,如在云层突然遮蔽或突然消失时,光伏阵列所接收的太阳辐射强度突然降低或升高,从而引起系统瞬态变化。日照瞬变直接影响光伏阵列的输出功率,而泵出口压力脉动间接反映了泵的运行特性。为了揭示系统动态特性,本节研究了光伏水泵系统在最优配置下太阳辐射强度瞬变时的光伏阵列输出功率和泵出口压力脉动变化动态特性。

(1)光伏阵列输出功率

图 4.16 为太阳辐射强度突然升高时光伏阵列输出功率随时间变化的曲线,其中太阳辐射强度瞬态升高变化梯度为 100 W/(m² · s)的方案包括 400~500 W/m²,500~600 W/m²,600~700 W/m²,700~800 W/m²,800~900 W/m²和 900~1 000 W/m²;太阳辐射强度瞬态升高变化梯度为 200 W/(m² · s)的方案包括 400~600 W/m²,600~800 W/m²和 800~1 000 W/m²。

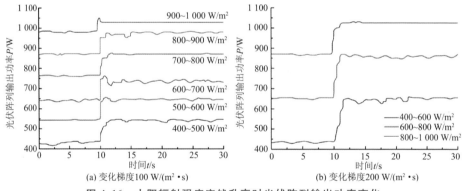

(a) 变化梯度100 W/(m² · s)   (b) 变化梯度200 W/(m² · s)

图 4.16　太阳辐射强度突然升高时光伏阵列输出功率变化

由图 4.16a 可以看出,在较低的太阳辐射强度下,光伏阵列输出功率波动较大,系统运行的稳定性较差。太阳辐射强度瞬态升高后,光伏阵列输出功率经过短暂的波动均逐渐趋于平稳,且随着辐射强度的增大光伏阵列输出功率越平稳,这是由于随着辐射强度的增大光伏阵列输出功率越来越接近饱和功率。随着太阳辐射强度的增大,瞬态变化的响应时间越来越短,其中 400~500 W/m² 变化时光伏阵列输出功率的动态响应时间最长,约为 3.4 s;900~1 000 W/m² 变化时系统动态响应时间最短,约为 1.13 s,这是由于太阳辐射强度从 400 W/m² 提高到 500 W/m² 时,光伏阵列输出功率提高幅度较大(图 4.12a),瞬态变化时的响应时间有所增长;系统在太阳辐射强度 1 000 W/m²

运行时,输出功率更接近饱和值(系统饱和运行时最低太阳辐射强度为 1 020 W/m²),因此 900～1 000 W/m² 变化时响应时间短;太阳辐射强度瞬态升高变化为 500～600 W/m²,600～700 W/m²,700～800 W/m² 和 800～900 W/m² 时的光伏阵列输出功率动态响应时间变化较小。

由图 4.16b 可以看出,太阳辐射强度瞬态升高梯度为 200 W/(m² · s)时,瞬态升高后,光伏阵列输出功率迅速升高直至平稳,且随着辐射强度的增大,光伏阵列输出功率趋于平稳。

与图 4.16a 对比可以发现,太阳辐射强度瞬态升高梯度为 200 W/(m² · s)时,系统响应时间一般大于瞬态升高梯度 100 W/(m² · s),瞬态升高 400～500 W/m²,600～800 W/m² 和 800～1 000 W/m² 的响应时间都略有增长。

图 4.17 为太阳辐射强度在两种变化梯度下突然降低时光伏阵列输出功率随时间变化的曲线,其中变化梯度为 100 W/(m² · s)的方案有 1 000～900 W/m²,900～800 W/m²,800～700 W/m²,700～600 W/m²,600～500 W/m² 和 500～400 W/m²;变化梯度为 200 W/(m² · s)的方案有 1 000～800 W/m²,800～600 W/m² 和 600～400 W/m²。

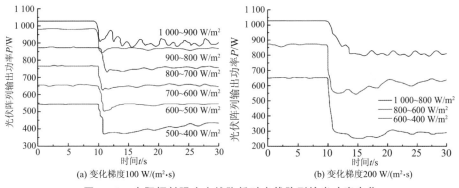

(a) 变化梯度100 W/(m²·s)　　(b) 变化梯度200 W/(m²·s)

图 4.17　太阳辐射强度突然降低时光伏阵列输出功率变化

由图 4.17a 可以看出,太阳辐射强度瞬态降低时光伏阵列经过短暂的波动后也逐渐趋于平稳,其中,太阳辐射强度从 1 000 W/m² 到 900 W/m² 变化时光伏阵列输出功率在最大输出功率值附近振荡后再平稳运行,这是由于系统的饱和辐射强度为 1 020 W/m²,当太阳辐射强度从 1 000 W/m² 变化到 900 W/m² 时系统瞬态失去饱和运行稳定状态,因此经过较长时间波动后运行平稳,响应时间较长;随着太阳辐射强度的降低,太阳辐射强度瞬变后光伏阵列输出功率的响应时间有所增长,这一现象应该与 MPPT 算法有关。

图 4.18 为不同太阳辐射强度下光伏阵列输出电压与输出功率间的对应曲线。由图 4.18 可以看出,太阳辐射强度稳定降低时,最大功率点由 A 点最终变化到 C 点,由于 MPPT 算法采用的是扰动观察法,进行最大功率点追踪时施加正向扰动 ΔV,太阳辐射强度瞬态降低时,施加正向扰动 ΔV,光伏阵列输出功率点先从 A 点沿着曲线 AB 变化到 B 点,当太阳辐射强度稳定后再经过最大功率点追踪,光伏阵列输出功率点再从 B 点沿着曲线 BC 变化到 C 点,因此响应时间增长。由图 4.18 还可以看出,瞬态变化发生在较大光强下时变化前后最大功率点电压的差值较小,正向施加扰动 ΔV 追踪最大功率点会使响应时间相对缩短。

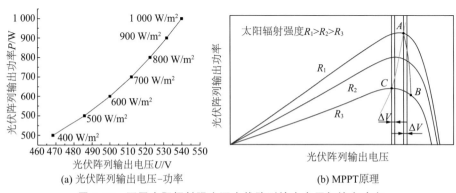

图 4.18　不同太阳辐射强度下光伏阵列输出电压与输出功率

由图 4.17b 可以看出,太阳辐射强度瞬态降低梯度为 200 W/(m² · s) 时,光伏阵列输出功率下降,经过短暂的波动后逐渐趋于平稳,与降低梯度 100 W/(m² · s) 相比,瞬态变化后,光伏阵列输出功率的稳定性较差,且动态响应时间有所增长;尤其是 1 000～800 W/m² 瞬态变化时,发生瞬态变化后光伏阵列输出功率同样在最大输出功率值附近振荡后再平稳运行,响应时间比 1 000～900 W/m² 瞬态变化时增长了约 0.9 s。

（2）泵出口压力脉动

由上述分析可知,太阳辐射强度突变导致光伏阵列输出功率变化,从而泵的扬程也会发生变化,因此泵的出口压力会产生明显变化。图 4.19 为两种太阳辐射强度瞬态升高时泵出口压力随时间的变化。

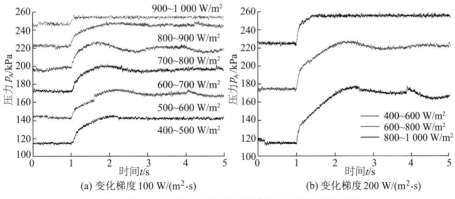

(a) 变化梯度 100 W/(m²·s)　　　　(b) 变化梯度 200 W/(m²·s)

图 4.19　太阳辐射强度瞬态升高时泵出口压力变化

从图 4.19a 中可以看出,较高太阳辐射强度条件瞬态变化时,泵出口压力瞬态变化的响应时间较短。900～1 000 W/m² 变化时的响应时间最短,为 0.08 s,这是由于该条件下的光伏水泵转速更接近于饱和值,从而压力脉动升高较快;500～600 W/m² 变化时的响应时间最长,为 1.89 s,与光伏阵列输出功率的响应时间趋势相对应;而 400～500 W/m² 变化时的响应时间为 1.3 s,响应时间短于 500～600 W/m² 时。

从图 4.19b 中可以看出,太阳辐射强度瞬态升高梯度为 200 W/(m²·s) 时,随着太阳辐射强度的升高,泵出口压力脉动变化的响应时间逐渐减小,变化后的压力脉动稳定性较好;太阳辐射强度从 800 W/m² 瞬态升高到 1 000 W/m² 时,泵出口压力脉动变化的响应时间为 0.5 s,400～600 W/m² 和 600～800 W/m² 瞬态升高时的泵出口压力脉动变化响应时间分别为 1.6 s 和 1.4 s。

与图 4.19a 对比可以发现,光照辐射强度从 800 W/m² 变化到 1 000 W/m² 达到瞬变后稳态所需的时间相对于 800～900 W/m² 较短,其原因是太阳辐射强度为 1 020 W/m² 时,光伏阵列输出功率达到最大,光伏水泵转速最大,1 000 W/m² 的太阳辐射强度输入使得系统运行更接近于饱和状态,且 MPPT 算法在较高太阳辐射强度下对最大功率点进行追踪时,响应时间更短。

图 4.20 给出了两种太阳辐射强度变化梯度下瞬态降低时泵出口压力随时间变化的曲线。由图 4.20a 可知,太阳辐射强度在 1 000～900 W/m² 变化后泵出口压力脉动出现较大的波动,这是由于该光照瞬态变化后的光伏阵列输出功率不稳定,从而导致泵运行极不稳定,泵出口压力波动较大;太阳辐射强度低于 900 W/m² 时,随着太阳辐射强度的降低,泵出口压力脉动经过短暂下降后平缓变化,响应时间变化较小,与光伏阵列输出功率变化相对应。

由图 4.20b 可知,瞬态降低梯度为 200 W/(m²·s) 时,1 000～800 W/m²

瞬态变化后的泵出口压力脉动变化剧烈,经过 3.5 s 后泵出口压力脉动变化
稳定,与 1 000～900 W/m² 变化现象类似,其根本原因还是光伏阵列输出功率
的振荡变化;600～400 W/m² 瞬态变化后,泵出口压力脉动持续降低,可能原
因是太阳辐射强度瞬态降低到 400 W/m² 时光伏阵列的输出电压不足以满足
逆变器正常工作电压范围,此时逆变器在低效区运行,输出频率有所降低,从
而导致泵转速降低,泵出口压力脉动减小。

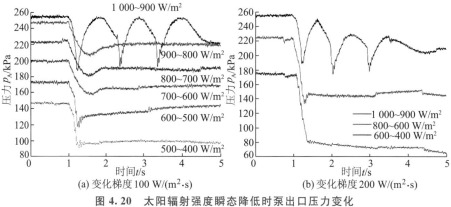

图 4.20 太阳辐射强度瞬态降低时泵出口压力变化

由上述太阳辐射强度发生瞬变时的光伏阵列输出功率和泵出口压力脉
动变化情况分析可以发现,太阳辐射强度瞬态升高时,系统的运行稳定性较
优,在较高太阳辐射强度下发生瞬态变化时的动态响应时间较短,响应时间
最大值与最小值之间相差 2.27 s;太阳辐射强度瞬态降低时,系统的响应时间
几乎不变,但是太阳辐射强度从饱和值开始发生瞬变时,瞬变初始发生后系
统运行稳定性较差,响应时间相对于瞬态升高时较长,增长了约 2 s。

4.4 出水量预测模型的建立

出水量是衡量光伏水泵系统的重要指标之一。本节结合光伏阵列的运
行特性、模型泵的外特性和管网特性对出水量进行了预测。

(1) 出水量预测模型建立

试验表明相似定律对于模型泵有着较好的适用性,通过相似定律换算可
以得到不同转速与流量和扬程的对应关系。

由相似定律可知:

$$\frac{Q_M}{Q} = \frac{n_M}{n} \tag{4-10}$$

$$\frac{H_{\mathrm{M}}}{H} = \left(\frac{n_{\mathrm{M}}}{n}\right)^2 \tag{4-11}$$

式中,Q_{M} 和 H_{M} 分别为参考转速 n_{M} 下的流量和扬程;Q 和 H 分别为转速 n 下的流量和扬程。

光伏水泵额定转速下的流量-扬程曲线可表示为三次多项式:

$$H = A + B_1 Q + B_2 Q^2 + B_3 Q^3 \tag{4-12}$$

式(4-12)为参考转速 n_{M} 下的流量-扬程公式,当转速变为 n 时,根据相似定律,代入流量公式(4-10)和扬程公式(4-11),泵流量-扬程曲线可表示为

$$H = \left(\frac{n}{n_{\mathrm{M}}}\right)^2 A + B_1 \frac{n}{n_{\mathrm{M}}} Q + B_2 Q^2 + B_3 \frac{n_{\mathrm{M}}}{n} Q^3 \tag{4-13}$$

通过流量-扬程曲线(图4.9)拟合得到式中的常数项,其中 $A = 34.783\,6$,$B_1 = -1.142\,4$,$B_2 = -0.144\,5$,$B_3 = -0.003\,08$,$n_{\mathrm{M}} = 2\,753$ r/min。

因此,泵流量-扬程曲线表示为

$$H = 34.783\,6 \left(\frac{n}{2\,753}\right)^2 - 1.142\,4 \frac{n}{2\,753} Q - 0.144\,5 Q^2 - 0.003\,08 \frac{2\,753}{n} Q^3 \tag{4-14}$$

保证泵的阀门开度在额定转速 $1.2Q_{\mathrm{d}}$ 工况不变,测得不同转速下的光伏水泵流量和扬程,对流量与扬程曲线进行二次多项式拟合,试验台管路特性曲线为

$$H = 2.374 + 1.016\,6 Q^2 \tag{4-15}$$

太阳辐射强度达到 $1\,020$ W/m^2 时,$1\,000$ W 光伏阵列容量配置下光伏水泵转速达到饱和值,为 $2\,753$ r/min。对太阳辐射强度小于 $1\,020$ W/m^2 的转速-太阳辐射强度曲线进行函数拟合,函数关系式如下:

$$n = 603.316\,8 + 4.088\,3R - 3.03 \times 10^{-3} R^2 + 1.068\,1 \times 10^{-6} R^3 \tag{4-16}$$

利用式(4-16)获得不同太阳辐射强度下的转速,将转速代入式(4-14),并联立式(4-14)和式(4-15)得到流量和扬程,得到的不同太阳辐射强度下的转速、流量和扬程如表4.2所示。

表4.2　不同太阳辐射强度下系统性能试验值与预测值

太阳辐射强度 R/ (W/m^2)	转速 n			流量 Q			扬程 H		
	试验值/ (r/min)	预测值/ (r/min)	相对偏差/%	试验值/ (m^3/h)	预测值/ (m^3/h)	相对偏差/%	试验值/m	预测值/m	相对偏差/%
1 200	2 753	2 753	0	4.80	4.79	0.21	25.7	25.69	0.04
1 100	2 753	2 753	0	4.80	4.79	0.21	25.7	25.69	0.04
1 020	2 753	2 753	0	4.80	4.79	0.21	25.7	25.69	0.04

太阳辐射强度 R/(W/m²)	转速 n			流量 Q			扬程 H		
	试验值/(r/min)	预测值/(r/min)	相对偏差/%	试验值/(m³/h)	预测值/(m³/h)	相对偏差/%	试验值/m	预测值/m	相对偏差/%
1 000	2 724.6	2 729.8	0.19	4.74	4.73	0.21	25.2	25.12	0.32
900	2 607.4	2 607.2	0.01	4.55	4.51	0.88	23.9	23.05	3.56
800	2 490.2	2 481.6	0.35	4.38	4.29	2.05	21.9	21.08	3.74
700	2 358.4	2 346.8	0.49	4.14	4.04	2.42	19.5	18.97	2.72
600	2 197.3	2 196.2	0.05	3.87	3.73	3.62	17.0	16.52	2.82
500	2 036.1	2 023.5	0.62	3.60	3.42	5.00	14.8	14.26	3.65
400	1 728.5	1 804.9	4.42	2.89	2.82	2.42	10.0	10.46	4.60

由表 4.2 可知,太阳辐射强度大于 1 020 W/m² 时,光伏水泵运行转速达到最大值,转速预测值根据试验值所得,故而转速相对偏差为 0,此时的流量和扬程相对偏差值最小,分别为 0.21% 和 0.04%。太阳辐射强度为 400~1 020 W/m² 时,预测值与试验值的相对偏差均在 5% 以内;太阳辐射强度为 400 W/m² 时,转速预测的相对偏差最大,为 4.42%,扬程预测的相对偏差也达到最大,为 4.60%;太阳辐射强度为 500 W/m² 时,流量预测的相对偏差值达到最大,为 5.00%。对比同一太阳辐射强度下转速、流量和扬程预测的相对偏差值,转速预测的相对偏差值较小,而扬程预测的相对偏差值较大,其原因是流量和扬程的预测值需要依据转速的预测值,同时由式(4-17)可知扬程与转速为平方关系,使得扬程预测的相对偏差值变大。

综上分析可以看出,该预测模型不同太阳辐射强度下系统性能的预测都比较准确,转速、流量和扬程相对预测偏差均在 5% 以内。

(2)出水量预测模型验证

为了全面地验证出水量预测模型的准确性,选取了 4 组 30 min 内具有代表性的太阳辐射强度变化,变化曲线如图 4.21 所示,方案 A 为太阳辐射强度逐渐下降,方案 B 为太阳辐射强度逐渐上升,方案 C 为太阳辐射强度剧烈波动变化,方案 D 为太阳辐射强度缓慢波动。

试验测试 4 组太阳辐射强度变化下的出水量,并与建立的出水量预测模型计算值进行对比。表 4.3 给出了 4 组太阳辐射强度下系统出水量试验值与预测值对比。

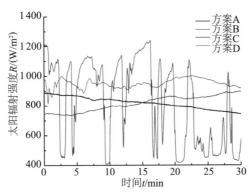

图 4.21　30 min 内 4 种太阳辐射强度变化

表 4.3　4 组太阳辐射强度下系统出水量试验值与预测值对比

	方案 A		方案 B		方案 C		方案 D	
	出水量/m³	相对偏差/%	出水量/m³	相对偏差/%	出水量/m³	相对偏差/%	出水量/m³	相对偏差/%
试验值	2.251	—	2.229	—	2.153	—	2.406	—
预测值	2.178	3.24	2.158	3.19	2.073	3.72	2.325	3.37

　　由表 4.3 可以看出,试验值相对于预测模型的计算结果都要高,最大相对偏差为 3.72%,最小相对偏差为 3.19%。对比不同太阳辐射强度变化方案下出水量预测模型的相对偏差,从小到大对应的方案次序为方案 B、方案 A、方案 D、方案 C。可能的原因是方案 B 的太阳辐射强度呈上升趋势,结合太阳辐射强度瞬变分析可知,系统最大功率点追踪能够得到较好的响应,流量能够迅速达到太阳辐射强度对应的值;方案 A 的太阳辐射强度呈下降趋势,系统的动态响应能力相对于方案 B 较低,故而出水量预测相对较差;方案 D 相对于方案 C 的太阳辐射强度波动缓慢,因此预测的系统出水量更为准确。

　　由此可见,太阳辐射强度无论是平缓变化还是剧烈变化,建立的出水量预测模型计算结果与试验值相对偏差都在 4% 以内,且该出水量预测模型具有较好的通用性。

光伏水泵负载与系统的匹配特性

一般国内气象台站提供的只是水平面上的光照日总辐射资料,需要通过逐时化然后通过理论计算来确定倾斜面上的太阳辐射量[1,2]。对于逐时及长期太阳辐射的预测,常用的方法主要是利用气象要素如气温、降水、相对湿度等及观测点地理信息建立统计模型来模拟太阳辐射[3];或者利用具有学习推广能力、非线性建模特点的人工神经网络方法等来预测太阳辐射[4-6]。

利用上述方法所需参数往往较多而限制其应用,本章首先应用光照总辐射理论模型[7-10],通过传递函数对有辐射记录地区的实际总辐射进行建模,并使用其他地区的光照数据验证模型的可靠性,建立起光照辐射的逐时时均模型,然后选取时均分布下一天的光照分布,对离心泵负载与光伏系统的匹配进行研究并优化,最后进行试验验证。

5.1 逐时时均光照模型的建立

5.1.1 水平面光照总辐射的传递函数模型

(1)水平面理论辐射值

逐时光照辐射的理论值 I_0 可表达如下:

$$I_0 = H_0 \times \cos \theta_z \tag{5-1}$$

式中,H_0 是地外辐射值,受日地距离影响,平均值为 1 367 W/m^2;θ_z 是天顶角。

H_0 的估算式为

$$H_0 = 1\ 367 \times \left(\frac{R_{av}}{R}\right)^2 = 1\ 367 \times [1.001\ 1 + 0.034\ 221 \times \cos \beta +$$

$$0.001\ 28 \times \sin \beta + 0.000\ 719 \times \cos(2\beta) + 0.000\ 077 \times \sin(2\beta)] \tag{5-2}$$

式中，R_{av} 是日地平均距离；R 是日地实际距离；β 用式(5-3)计算：

$$\beta = 2\pi \times (X_i / 365) \tag{5-3}$$

式中，X_i 为天数（1~365，1 月 1 日为 1）。

天顶角 θ_z 通过式(5-4)计算：

$$\theta_z = \arccos(\sin\varphi \sin\delta + \cos\varphi \cos\delta \cos\omega) \tag{5-4}$$

式中，φ 是所在地纬度（东半球为"+"，西半球为"-"）；δ 是赤纬角，通过式(5-5)计算：

$$\delta = 0.006\,918 - 0.399\,912 \times \cos\gamma + 0.070\,257 \times \sin\gamma -$$
$$0.006\,758 \times \cos(2\gamma) + 0.000\,907 \times \sin(2\gamma) -$$
$$0.002\,697 \times \cos(3\gamma) + 0.001\,48 \times \sin(3\gamma) \tag{5-5}$$

式中，γ 是日角，可通过式(5-6)计算：

$$\gamma = 2\pi(X_i - 1)/365 \tag{5-6}$$

式(5-4)中，ω 是时角，可通过式(5-7)计算：

$$\omega = 15 \times \left\{ (X_j - 12.5) - [(T_z \times 15) - \lambda] \times \frac{4}{60} + T_s \right\} \tag{5-7}$$

式中，X_j 为小时数，取值为 1~24；T_s 为太阳时，通过式(5-8)计算；T_z 为所在地时区（东半球为"+"，西半球为"-"）；λ 是所在地经度。

$$T_s = 0.000\,075 + 0.001\,868 \times \cos\gamma - 0.032\,077 \times \sin\gamma -$$
$$0.014\,615 \times \cos(2\gamma) - 0.040\,849 \times \sin(2\gamma) \times 229.16 \tag{5-8}$$

由式(5-1)~式(5-8)可得到逐时太阳辐射的理论值 I_0。

（2）逐时辐射的传递函数模型

以 G 表示某时刻总辐射，引入传递函数 $T_{i,j}$：

$$G = T_{i,j} \times I_0 = T_i \times T_j \times I_0 \tag{5-9}$$

式中，T_i 是第 i 天的传递函数；T_j 是第 j 小时的传递函数。

$$T_i = S_d + \frac{p_d}{1 + \left(\dfrac{X_i - X_{d0}}{b_d}\right)^2}; \quad T_j = S_h + \frac{p_h}{1 + \left(\dfrac{X_j - X_{h0}}{b_h}\right)^2} \tag{5-10}$$

式中，S_d 和 S_h 分别控制 T_i 和 T_j 起点；p_d 和 p_h 分别控制 T_i 和 T_j 峰值；X_{d0} 和 X_{h0} 分别是天数和小时数光照峰值所在位置；b_d 和 b_h 分别控制光照在峰值所在天和小时两侧的分布。

采用美国国家气象数据中心发布的 1995 年到 2005 年间具有较全光照辐射数据的(36.61°N，97.49°W)站点数据作为样本，对上述传递函数中的参数进行优化。该站点时区位于 -6 区。剔除记录数据中的无效值，对 1995 年到 2005 年间每年 1~8 760 小时相同时刻的光照值进行平均处理以降低随机数据的影响，得到一年内每小时平均光照实测值。

使用上述传递函数对一年 1～8 760 小时中每小时光照进行预测,并以预测值和实测值的相关系数 r 最大化为目标对传递函数中的参数进行优化。r 表达式如下:

$$r = \frac{\sum_{i=1}^{n}(S_{pi} - S_{pa})(S_{mi} - S_{ma})}{\sqrt{\left[\sum_{i=1}^{n}(S_{pi} - S_{pa})^2\right]\left[\sum_{i=1}^{n}(S_{mi} - S_{ma})^2\right]}} \tag{5-11}$$

式中,i 表示第 i 小时(1～8 760);S_{pi} 是每小时平均光照预测值;S_{pa} 是每小时平均光照预测值的平均值;S_{mi} 为每小时平均光照实测值;S_{ma} 是每小时平均光照实测值的平均值。

得到传递函数参数取值为表 5.1 时,r 为最大值,为 0.983 2。

表 5.1 传递函数各参数取值

S_d	p_d	X_{d0}	b_d	S_h	p_h	X_{h0}	b_h
0.50	0.42	181	180	0.50	0.35	12.1	4.3

一年内 T_i 的变化和一天内 T_j 的变化如图 5.1 所示。查找所在天、小时对应的 T_i 和 T_j,然后通过式(5-9)即可得到时均逐时光照辐射值。

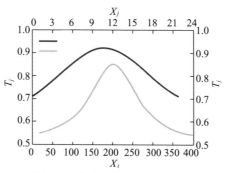

图 5.1 传递函数 T_i 和 T_j 分布

使用判定系数 R^2 对传递函数中各参数取表 5.1 逐时辐射预测值和测量值的拟合度进行判断,R^2 的计算公式如下:

$$R^2 = \frac{n\sum_{i=1}^{n}(S_{mi}S_{pi}) - (\sum_{i=1}^{n}S_{mi})(\sum_{i=1}^{n}S_{pi})}{\sqrt{n(\sum_{i=1}^{n}S_{mi}^2) - (\sum_{i=1}^{n}S_{mi})^2}\sqrt{n(\sum_{i=1}^{n}S_{pi}^2) - (\sum_{i=1}^{n}S_{pi})^2}} \tag{5-12}$$

式中各变量和式(5-11)相同。计算可得 $R^2 = 0.977$ 4,如图 5.2 所示,可见预测和实测拟合度较高。

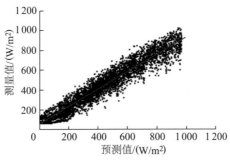

图 5.2　光照辐射预测值和测量值对比

（3）模型验证

使用其他两站点来验证上述辐射模型，所取站点信息列于表 5.2 中。

使用表 5.1 中参数分别对表 5.2 中各站点 1995 年到 2005 年辐射测量数据及预测值判定系数 R^2 进行计算。

表 5.2　站点信息

站点	纬度	经度	时区
1	35.04°N	106.62°W	—7
2	36.63°N	116.02°W	—8

计算得到两站点实测与预测的 R^2 分别为 0.982 8,0.984 3。各站点预测值与实测值对比如图 5.3 所示。

各站点的 R^2 值均在 0.98 左右,相差甚微,因此可知使用上述方法所建立的模型具有较高的预测性,可用来表示长期逐时辐射分布。

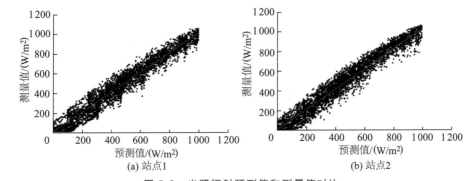

(a) 站点1　　　　　　　　　　(b) 站点2

图 5.3　光照辐射预测值和测量值对比

5.1.2 电池板不同朝向光照总辐射模型

光照总辐射由直接辐射和散射两个部分组成。任意朝向电池板上光照辐射量需要水平面直接辐射数据和散射数据。因此,首先对长期辐射下散射数据进行分离,然后计算电池板不同朝向时接收的辐射量。

(1)水平面直接辐射和散射计算

对(36.61°N,97.49°W)站点所记录的水平散射进行处理,为反映散射与总辐射的规律,对每小时散射与总辐射比值进行统计,并将各时刻除以该天光照时长进行无量纲处理,得到的散射/总辐射($\varepsilon = G_{sc}/G$)统计规律如图 5.4所示。

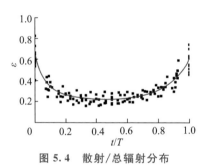

图 5.4　散射/总辐射分布

这样就得到了散射和总辐射的关系,通过总辐射与散射之差得到直接辐射,实现直接辐射和散射分离。

(2)电池板不同朝向辐射量计算

任意方位电池板上光照辐射量可通过以下计算方法计算[11],计算中忽略地面反射辐射量。

$$G_{tt} = \frac{G(1-\varepsilon)}{\cos \theta_z}[\sin \delta(\sin \varphi \cos \beta_{pv} - \cos \varphi \sin \beta \cos \gamma_{pv} +$$
$$\cos \delta \cos \omega(\sin \varphi \cos \beta_{pv} + \sin \varphi \sin \beta_{pv} \cos \gamma_{pv}) +$$
$$\cos \delta \sin \beta \sin \gamma_{pv} \sin \omega] + G \varepsilon (1 + \cos \beta_{pv})/2 \tag{5-13}$$

式中,G_{tt} 为电池板上光照辐射量;β_{pv} 是电池板倾斜角;γ_{pv} 是电池板方位角,向东为"－",向西为"＋"。其余变量同上。

(3)全年辐射计算

根据以上传递函数计算的全年总辐射及散射分布规律,以北纬 32°为例,对倾斜角 $\beta_{pv}0°\sim90°$,方位角 $\gamma_{pv}-45°\sim45°$ 范围内单位平方米电池板上全年辐射量进行计算。图 5.5 为电池板不同朝向全年辐射分布。

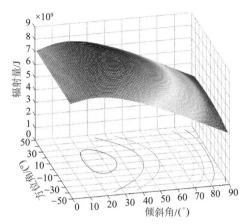

图 5.5　电池板不同朝向全年辐射量分布

由图 5.5 可以看出,全年最大辐射值位于倾斜角 28°,达到 8 083.5 MJ;最大值区域在等值线 30°附近,这与实际使用中电池板安放角度原则是一致的,即位于所在地纬度±5°。方位角在±10°以内长期辐射量变化不大。不同朝向电池板上辐射量等值线以最大值所在位置呈椭圆状向外分布,即长期辐射下辐射量对倾斜角的敏感性比方位角大。

通过对不同朝向电池板上总辐射的计算,选取倾斜角 30°的电池板,使用上述建立的斜面辐射模型对 32°N 全年逐时光照分布进行计算。图 5.6 给出了全年斜面辐射的逐时分布。

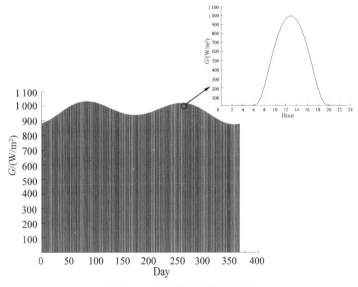

图 5.6　全年斜面总辐射分布

从图 5.6 中可以看出,通过以上传递函数模型及斜面总辐射计算,将全年不规律的逐时光照辐射转化成规律的时均逐时模型,将有利于对光伏系统的设计。

5.2 时均光照下光伏离心泵负载匹配研究

国内外学者虽在系统的配置研究[11-13]、性能预测[14,15]、系统优化及评价[16-18]等方面做了大量的研究,但少有对光伏水泵系统关键装置之一的水泵进行专门研究的文献。一般都是直接从现有的水泵产品中进行选型,因而与光伏系统的性能匹配常常达不到最佳。本节从光伏水泵系统运行特性入手,首先通过负载配置估算得到初始负载特性,然后结合系统对离心泵负载的要求,通过改变额定流量与最大流量之比,对泵与系统的匹配性能进行选型优化,最后通过试验验证优化的结果。配置及优化流程图如图 5.7 所示。

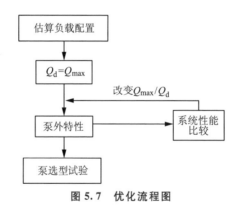

图 5.7 优化流程图

5.2.1 光伏水泵负载配置估算

本节研究对象为交流光伏水泵系统,如图 5.8 所示。系统主要包括光伏阵列、控制器、电机和离心泵负载。其中控制器由 DC-DC 变换器、MPPT 控制器和逆变器组成。系统各个部分都有本身的运行特点,因此,从光照输入到流量输出间有着复杂的数学模型,呈现出强烈的非线性特点,使得系统配置较常规水泵系统更为复杂。

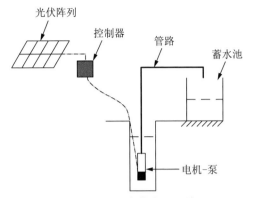

图 5.8 交流光伏水泵系统

根据一般光伏水泵系统运行特性,光照强度 G 与流量 Q 关系近似为[19,20]

$$Q = \frac{-b + \sqrt{b^2 + 4a(G-c)}}{2a} \tag{5-14}$$

式中,a,b 为常数;c 为扬水阈值临界光照。通常情况下,b 的值接近于 0,因此可简化为

$$Q = \sqrt{\frac{G-c}{a}} \tag{5-15}$$

根据时均逐时光照随时间的分布 $G(t)$,则一天出水量 Q_D 为

$$Q_D = \int_{t_1}^{t_2} \sqrt{\frac{G(t)-c}{a}} \, dt \tag{5-16}$$

式中,t_1,t_2 分别为光伏水泵开始和停止出水时刻。

给出临界光照强度 c,则要满足晴天下一天出水量 Q_D 大于需水量 $Q_需$,反求出 a 值,进而求得最大光照时的流量 Q_{max}。

初始配置估算以最大流量 Q_{max} 作为泵负载额定运行点 Q_d。

负载扬水所需功率 P_{hyd} 为

$$P_{hyd} = \rho g Q_{max}(H_{st} + \Delta H) \tag{5-17}$$

式中,H_{st} 为泵静扬程;ΔH 为管路损失。

则所需电池板峰值功率 P_{pv} 为

$$P_{pv} = \frac{P_{hyd}}{\eta_{pump} \cdot \eta_{motor} \cdot \eta_{MPI}} \tag{5-18}$$

式中,η_{pump},η_{motor},η_{MPI} 分别为负载效率、电机效率和控制器效率。

结合具体使用条件以实例说明。给定条件 $H_{st} = 17.5$ m,管路系数 0.015,日需水量 $Q_需 = 70$ m³,根据 5.1 节中时均光照的计算可知,长期的逐时时均光照可通过传递函数表达为式(5-9)。选取峰值光照为 $1\ 000\ \mathrm{W/m^2}$，光照时长为12 h的光照分布，则一天内光照分布可用 $G(t) = 1\ 000\sin(\pi t/12)$ 表示，根据上述负载估算方法，根据一般扬水阈值功率估算[21] 取临界光照 $c = 300\ \mathrm{W/m^2}$，根据式(5-14)到式(5-16)得到 $Q_{\max} = 11.9\ \mathrm{m^3/h}$，并使之等于额定流量点 Q_d。

一般情况下，取泵额定效率 60%，电机效率 80%，控制器效率 92%，则根据式(5-17)和式(5-18)得到电池板峰值功率 $1\ 500\ \mathrm{W}$，泵最大功率约 $1\ 100\ \mathrm{W}$，最大功率时泵扬程 H 约为 19.6 m。

5.2.2　光伏水泵负载特性优化

泵额定转速 n_N、额定转速下关死扬程 H_0、功率 P_0；额定流量为 Q_d，对应扬程 H_d、功率 P_N；最高光照时泵运行流量 $Q_{\max}$，对应扬程 $H_{\max}$。

根据一般离心泵效率曲线特点[22]，设额定转速下效率：

$$\eta = aQ + bQ^2 + cQ^3 \tag{5-19}$$

式中，a, b, c 为常数，与泵特性有关。

且最大转速不超过额定转速，应有：

$$\eta'\mid_{Q=Q_d} = 0 \tag{5-20}$$

$$\eta\mid_{Q=Q_d} = 60\% \tag{5-21}$$

而最大光照时的流量应满足功率约束，即

$$P_{\max} = \frac{\rho g Q_{\max} H_{\max}}{\eta_{Q=Q_{\max}}} = 1.1\ \mathrm{kW} \tag{5-22}$$

同时，离心泵轴功率一般可表示为

$$\frac{P}{P_N} = k\frac{Q}{Q_N} + \frac{P_0}{P_N} \tag{5-23}$$

运行要求无驼峰现象，k 取 0.5。

这样可得到各流量下的扬程：

$$H = \frac{P\eta}{\rho g Q} \tag{5-24}$$

即可得到此条件下的 $H\text{-}Q$ 关系，通常满足：

$$H = d + eQ + fQ^2 \tag{5-25}$$

式中，d, e, f 为常数。

光照强度降低，则水泵变转速运行，通常转速变化在 0.5 倍范围之内，应用泵相似定律换算的性能误差较小[23]。不同转速下泵 $H\text{-}Q$ 特性为

$$\left(\frac{n_N}{n}\right)^2 H = d + e\left(\frac{n_N}{n}Q\right) + f\left(\frac{n_N}{n}Q\right)^2 \tag{5-26}$$

对于确定好管路特性的系统,可求得每个转速下对应的流量,并且由比例定律可以反推出该流量在额定转速 n 时的等效工况点的流量,根据相似定律换算到额定转速下的效率:

$$\eta = a + b\left(\frac{n_N}{n}Q\right) + c\left(\frac{n_N}{n}Q\right)^2 \tag{5-27}$$

而光照分布与转速的关系[24],通常可表示为

$$n = \varepsilon\sqrt[3]{G} \tag{5-28}$$

在给定选取的光照分布时,有

$$G(t) = G_{max}\sin\left(\frac{\pi t}{T}\right) \tag{5-29}$$

式中,G_{max} 为全天最高光照强度;T 为光照时长。

根据使用条件,ε 取 258 rm²/J,G_{max} 取 1 000 W/m²,光照时长取 12 h。通过上式可计算得到效率与光照强度 G 和时间 t 的关系,则全天平均效率[25,26]为

$$\overline{\eta} = \frac{\int_{t_1}^{t_2}\eta(t)\mathrm{d}t}{12} \tag{5-30}$$

初始估算时,使 $Q_{max} = Q_d$ 得到 $Q_{max} = Q_d = 11.9$ m³/h,然后取不同的 Q_d 取值,通过上述计算可分别求出不同 Q_{max}/Q_d 下的全天平均效率。

5.2.3 优化结果

分别取 Q_d 为 8.5 m³/h,9.0 m³/h,9.5 m³/h,10.0 m³/h,10.5 m³/h,11.0 m³/h,11.5 m³/h,11.9 m³/h,由式(5-19)至式(5-25)得到不同 Q_d 取值情况下泵的 H-Q 特性曲线,结果如图 5.9 所示。

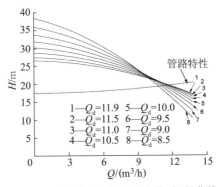

图 5.9　不同额定流量下泵流量-扬程曲线

从图 5.9 中给出的取不同额定流量时泵的 H-Q 特性可以看出,在系统最大功率的约束下,随着额定流量取值的减小,最大运行流量点随之减小,但 Q_{max}/Q_d 的值逐渐增大,关死点扬程提高,曲线斜率越来越大。

分别计算不同 Q_d 取值下泵效率随光照的变化,选取 4 组,如图 5.10 所示。

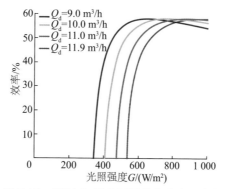

图 5.10　不同 Q_d 取值下泵效率随光照变化

从图 5.10 中可以看出,随着额定流量取值的增大,扬水阈值光照逐渐增大,这就意味着需要更高的功率才能使泵出水,但同时在高光照时其效率降低,相当于高效区向强光照区域移动。

为反映全天内泵与系统的匹配关系,绘制了泵全天平均效率与泵特性参数的关系图,如图 5.11 所示。

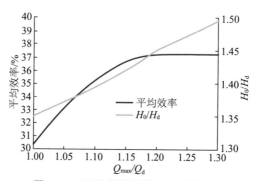

图 5.11　平均效率随额定流量的变化

如前所述,随着 Q_d 减小,Q_{max}/Q_d 逐渐增大,Q_{max}/Q_d 从 1.0 增大到 1.3,全天效率先快速升高,而后在 1.15 左右增长逐渐减缓,趋于平坦。而关死扬程与额定扬程比(H_0/H_d)则随 Q_{max}/Q_d 呈线性逐渐增大,说明一定范围内 H-Q 曲线斜率较大的泵更适合用于此种变工况运行。

随着 Q_d 逐渐增加,其扬水阈值光照也在相应增加,意味着要放弃更多的低光照运行工况。如图 5.10 所示,在 $Q_d=9.0$ m³/h 与 $Q_d=11.9$ m³/h 两个额定流量之下,扬水阈值光照相差近 200 W/m²。放弃越多的低光照运行工况将不利于系统长期运行。综合考虑,选择 Q_{max}/Q_d 值在 1.1~1.2 之间时作为 H-Q 特性曲线。

5.2.4　光伏离心泵系统运行试验

根据以上分析,选取 100QJD 型的离心泵作为试验对象,该泵额定转速为 2 850 r/min,额定转速下泵外特性试验值如图 5.12 所示。泵额定流量为 10 m³/h,扬程为 23.8 m,效率 58.2%,关死扬程 32.4 m。同时该泵在 $1.1Q_d$~$1.2Q_d$ 附近功率达到 1 100 W。

为获得稳定光照下电池板的输出特性,采用 Chroma 的 62000 H 系列光伏阵仿真电源,如图 5.13 所示,电池板峰值功率 1 500 W,参考光照 1 000 W/m² 下开路电压 $V_{oc}=374.68$ V,短路电流 $I_{sc}=4.444$ A ,最大功率点电压 = 298.85 V,电流 = 4.012 A,控制器带有最大功率跟踪(MPPT)控制,并实现逆变功能,如图 5.14 所示。

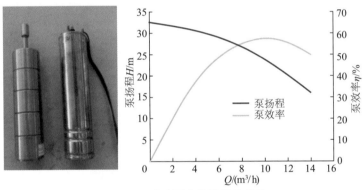

图 5.12　试验泵实物及其外特性

图 5.13　Chroma 光伏仿真电器

图 5.14　交流光伏水泵控制器

　　光伏水泵系统试验台采用开式试验台,如图 5.15 所示。开式试验台管路配有压力变送器来测量泵出口压力,测量范围为 $-100 \sim 100\ \mathrm{kPa}$,测量精度 0.2 级;采用 KEF 电磁流量计测流量,精度 0.5 级,流量计系数为 134.815 3(1/L);采用闸阀调节管路特性和运行工况。

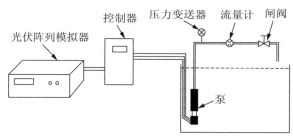

图 5.15　光伏水泵试验台

　　图 5.16 给出了不同光照强度下系统的运行点。从图中可以看出各光照强度下系统均运行于电池板最大功率点附近,说明 MPPT 最大功率跟踪性能良好。

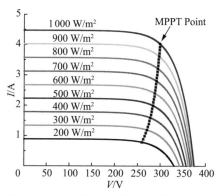

图 5.16　电池板 I-V 特性与最大功率点

　　对不同光照强度及扬程下的流量进行测量,可以得到光伏水泵系统的流量特性及系统效率等值线。图 5.17 给出了不同光照强度和扬程下光伏水泵系统的流量以及效率等值线。

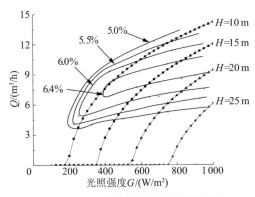

图 5.17 光伏水泵系统效率等值线

由图 5.17 可以看出，不同扬程下光照-流量曲线由扬水阀值光照开始呈抛物线状，且不同扬程下曲线形状相似，而系统效率等值线由中间向两边降低。光伏水泵一天内光照经历由低到高再降低的过程，其流量和效率也不停变化。

用平均效率 $\overline{\eta}_{sys}$，$\overline{\eta}_{pump}$ 分别表示系统和泵的时间段内的平均效率。不同扬程下泵和系统平均效率如图 5.18 所示。

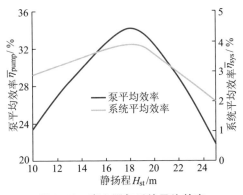

图 5.18 离心泵与系统平均效率

从图 5.18 可以看出，系统效率受泵效率变化的影响，与泵效率呈相同变化趋势。其最优扬程约为 $H_{st}=18$ m，泵平均效率为 34.3%，系统平均效率为 3.9%，晴天全天出水量 74.2 m³，满足大于 $Q_{需}=70$ m³ 的设计要求。通过管路与泵额定转速下的 H-Q 可知，两交点位于流量 $Q=11.7$ m³/h，此时 $Q_{max}/Q_{d}=1.17$，处于 1.1～1.2 之间，与前述相符合。

参考文献

［1］杨金焕,毛家俊,陈中华.不同方位倾斜面上太阳辐射量及最佳倾角的计算[J].上海交通大学学报,2002,36(7):1032－1036.

［2］艾彬,宋淑芳,季秉厚,等.手动跟踪方阵面上辐照度及曝辐量计算公式的推导[J].太阳能学报,2002,23(4):509－513.

［3］保广裕,张景华,钱有海,等.柴达木光伏发电地区逐时太阳辐射预报方法研究[J].青海农林科技,2012(1):15－18.

［4］苏高利,柳钦火,邓芳萍,等.基于 LS-SVM 方法的晴空逐时太阳辐射模型[J].北京师范大学学报(自然科学版),2007,43(3):274－278.

［5］白永清,陈正洪,王明欢,等.基于 WRF 模式输出统计的逐时太阳总辐射预报初探[J].大气科学学报,2011,34(3):363－369.

［6］成驰,陈正洪,张礼平.神经网络模型在逐时太阳辐射预测中应用[J].太阳能,2012,3:30－33.

［7］程艳斌,何官兴,唐润生.倾斜面上直射辐射计算方法的探讨[J].云南师范大学学报,2009,29(2):49－53.

［8］Kaplanis S, Kaplani E. A model to predict expected mean and stochastic hourly global solar radiation I(h;nj) values[J]. Renewable Energy, 2007, 32(6):1414－1425.

［9］杜春旭,王普,马重芳,等.用天文测量简历精确计算太阳位置的方法[J].可再生能源,2010,28(3):85－92.

［10］Pandey P K, Soupir M L. A new method to estimate average hourly global solar radiation on the horizontal surface [J]. Atmospheric Research,2012,114(5):83－90.

［11］Barlow R, McNelis B, Derrick A. Status and experience of solar PV pumping in developing countries[C]// Proc. 10 Europe. PV Solar Energy Conf. , Lisbon, Portugal, 1991:1143－1146.

［12］国家能源局,国家可再生能源中心.中国可再生能源"十二五"规划概览[A].2012.

［13］Roger J A. Calculations and in Situ experimental data on a water pumping system directly connected to an 1/2 kW photovoltaic converter array[C]// Photovoltaic Solar Energy Engineering Conference, Luxembourg ,

Sept，1977：27 – 30.

[14] Appelbaum J. Staring and steady-state characteristic of DC motors powered by solar cell generators[J]. IEEE Transactions on Energy Conversion，1986，1(1)：23 – 29.

[15] Applebaum J. The quality of load matching in a direct-coupling photovoltaic system[J]. IEEE Transactions on Energy Conversion，1987，2(4)：31 – 38.

[16] Singer S，Appelbaum J. Staring characteristics of direct current motors powered by solar cells[J]. IEEE Transactions on Energy Conversion，1993，8(1)：18 – 26.

[17] Zaki A，Eskander M. Matching of photovoltaic motor-pump systems for maximum efficiency operation[J]. Renewable Energy，1996，7(3)：279 – 288.

[18] Betka A，Moussi A. Performance optimization of a photovoltaic induction motor pumping system[J]. Renewable Energy，2004，29(3)：2167 – 2181.

[19] Abdulrahman M H. Optimize select of direct-coupled photovoltaic pumping system in solar domestic hot water systems[D]. University of Wisconsin Madison，1997.

[20] Vilela O C，Fraidenraich N. A methodology for the design of water photovoltaic water supply systems[J]. Prog. Photovolt：Res. Appl，2001，9(1)：349 – 361.

[21] Benlarbi K，Mokrani L，Nait-Said M. A fuzzy global efficiency optimization of a photovoltaic water pumping system[J]. Solar Energy，2004，77(9)：203 – 216.

[22] 关醒凡. 现代泵理论与设计[M].北京：中国宇航出版社，2010.

[23] Thierry M，Christian G，Charles J，et al. A simplified but accurate prevision method for along the sun PV pumping systems[J]. Solar Energy，2008，82(5)：1009 – 1020.

[24] Fraidenraich N，Vilela O C. Performance of solar systems with non-linear behavior calculated by the utilizability method：Application to PV solar pumps[J]. Solar Energy，2000，69(2)：131 – 137.

[25] Yahia B，Amar H A，Boubekeur A. Optimal sizing of photovoltaic

pumping system with water tank storage using LPSP concept[J]. Solar Energy，2011，85(12):288 - 294.

[26] Ghoneim A A. Design optimization of photovoltaic powered water pumping systems[J]. Energy Conversion and Management，2006，47 (3):1449 - 1463.

6

光伏水泵系统动态特性与供水可靠性

上一章通过选取时均光照下一天光照分布作为输入进行了光伏水泵负载的匹配研究,而实际情况是每天晴阴相间,非时均规律变化,长期内光照的动态变化导致供水不稳定,因此,设计系统时必须要对变动情况下的供水特性进行研究。

本章首先阐述光伏水泵系统动态特点,包括瞬时动态的响应及出水量特点,以及长期动态供水的可靠性问题。在上述基础上,以天为单位,基于统计规律建立光照分布的概率模型,然后对各分布下系统出水量进行试验标定,最后对光照概率密度函数的参数对系统供水特性的影响进行分析,并做出供水可靠性评价。

6.1 光伏水泵系统不同动态特性对比

光照的变化是动态过程,光伏系统的动态可分为瞬时动态与长期动态。瞬时动态是光照突变,即由于遮挡等原因光照辐射突然升高或降低所引起的系统动态变化;长期动态则是以天、周或月等为单位的光照辐射变化所引起的系统输出波动。

6.1.1 光照瞬时变化下的系统动态

(1)理论分析

文献[1]对直接耦合的直流光伏水泵系统在云层突然遮挡与突然消失时系统动态变化进行了理论研究和计算仿真,云层出现与消失前后光照强度分别为 125 W/m^2 和 835 W/m^2,光照从 835 W/m^2 突然降低至 125 W/m^2 时电流和电压如图 6.1 所示,光照从 125 W/m^2 突然升高至 835 W/m^2 时电流和电压如图 6.2 所示。

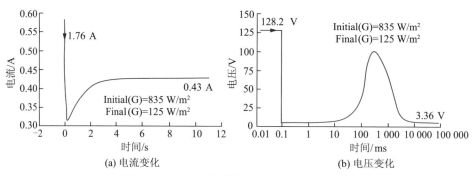

图 6.1　云层突然遮挡时电流和电压的变化

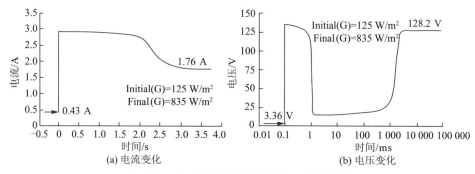

图 6.2　云层突然消失时电流和电压的变化

　　以上从理论仿真结果出发对光伏水泵系统受到诸如云层遮挡而导致的光照瞬变时动态特性的研究表明:系统在受到任何干扰以后 2 s 内达到稳态,电压和电流的超调持续很短时间,即使其值超出额定值很多,也不会对电机造成损坏。但是在光伏水泵系统实际运行中,电机及离心泵在瞬态变化时存在延迟性的过渡过程,光照的瞬态变化对于系统出水量有何影响,以及这种动态变化在估算长期出水量时是否可用稳态平均值代替等问题还有待试验研究。

　　(2)试验研究

　　为了研究光照瞬变对系统出水量的影响,搭建直流光伏水泵系统试验台。试验台主要由 Chroma 光伏阵列模拟器、MPPT 控制器、直流水泵及其管路组成;使用光伏阵列模拟器编辑瞬变光照。

　　所用试验台如图 6.3 所示。测试仪器为压差变送器、电磁流量计、电气参数动态测试仪器;压力变送器测量范围为 $-100\sim100$ kPa,测量精度 0.2 级;采用 KEF 电磁流量计测流量,精度 0.5 级,流量计系数为 134.815 3(1/L);

采用闸阀调节管路特性和运行工况。

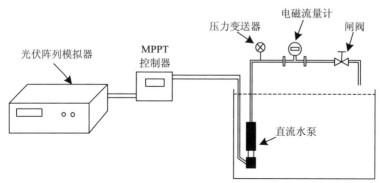

图 6.3　直流光伏水泵系统试验台

水泵型号为 SPH6,工作电压 48 V,额定转速 2 850 r/min,其泵外形及流量-扬程特性如图 6.4 所示。

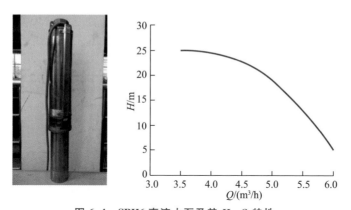

图 6.4　SPH6 直流水泵及其 $H\text{-}Q$ 特性

光伏阵列参数设置为参考光照强度 1 000 W/m² 时为最大功率点电压 48 V,最大功率点电流为 8.5 A,电压上限 65 V,电流上限 9 A。

试验方案:在光照恒定为 1 000 W/m² 下调整闸阀使流量为 5 m³/h,固定阀门开度不变,如无特别说明,下面的试验均是在此管路特性下进行的。

为方便在同一试验中对比,编辑光照瞬态变化输入,最高光照强度 1 000 W/m²,最低光照强度 100 W/m²,每隔 50 s 光照强度瞬变一次,不同阶跃变化组合,共 1 150 s,环境温度设置为恒定 25 ℃。图 6.5 为输入的光照及温度变化线,其中左侧红色线纵坐标为温度,右侧蓝色线纵坐标为光照强度,横坐标为时间。

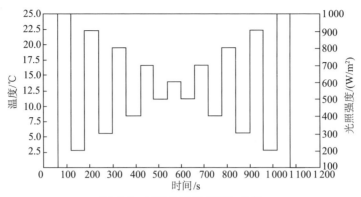

图 6.5 试验的瞬态光照变化线

各光照强度瞬态变化下输出电压和电流的动态变化如图 6.6 所示,红色为电流变化,黑色为电压变化,时间与图 6.5 中对应。

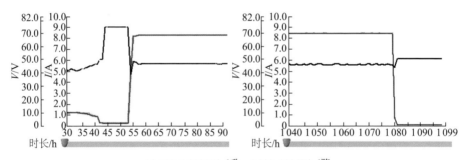

(a) 100~1 000 W/m²升,1 000~100 W/m²降

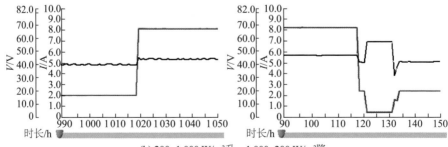

(b) 200~1 000 W/m²升,1 000~200 W/m²降

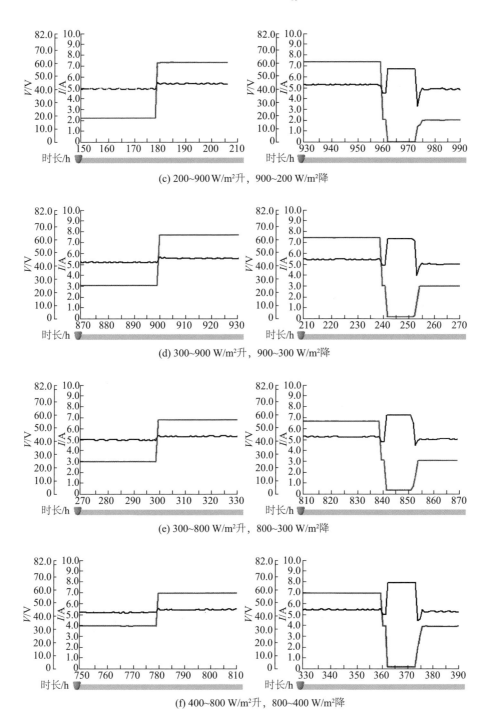

(c) 200~900 W/m²升，900~200 W/m²降

(d) 300~900 W/m²升，900~300 W/m²降

(e) 300~800 W/m²升，800~300 W/m²降

(f) 400~800 W/m²升，800~400 W/m²降

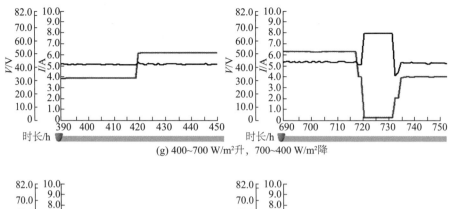

(g) 400~700 W/m²升，700~400 W/m²降

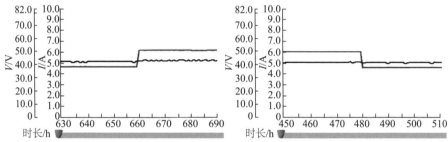

(h) 500~700 W/m²升，700~500 W/m²降

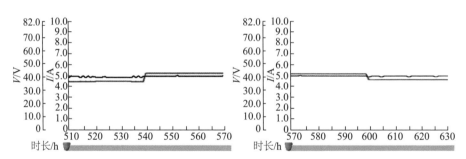

(i) 500~600 W/m²升，600~500 W/m²降

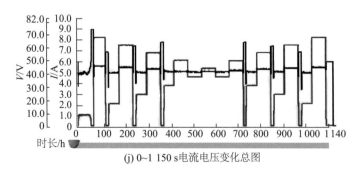

(j) 0~1 150 s电流电压变化总图

图 6.6　光照瞬态变化下光伏电流及电压变化

从图 6.6 中可以看到,400～700 s 之间电流及电压响应与其他时间段内的响应明显不同。400～700 s 对应 400～700 W/m² 之间光照强度阶跃。如图 6.6 h,i 所示,500～700 W/m² 及 500～600 W/m² 光照升高或降低,电流及电压的瞬态响应在 2～3 s 即可达到稳态。高于 200 W/m² 的阶跃光照,即如图 6.6a～g 所示,这之间的电压均出现超调,超调电压经过约 10 s 才回落达到稳态。光照强度 400～700 W/m² 瞬变这个阶差可以认为是本系统的电流、电压抗干扰临界状态。

6.1.2　光照缓慢变化下的出水量特性

实际运行中的系统出现大幅度光照瞬变的情况很少,绝大部分是幅值小于 200 W/m² 的缓慢变化,而系统快速的瞬态响应意味着其可以忽略这种干扰。

离心泵负载在动态光照变化下是处于不断地变工况过渡过程,瞬态变化对于系统出水量的预测是否可以用稳态的平均值代替,还需要进一步研究。针对此,首先在 600 W/m² 恒定光照下运行 30 min,并以此段时间内出水量作为参考出水量。将 550～750 W/m² 线性变化的光照强度分别在 1 min,3 min,5 min,8 min,10 min,30 min 内完成,并记录各时间段内的累计出水量,各时间段分别进行 3 次取平均值以减小误差。将各时间段累计出水量统一换算为 30 min 出水量,各时间段内出水量如图 6.7 所示,红色点画线为 600 W/m² 时的稳态出水量。

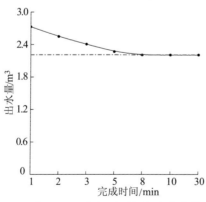

图 6.7　不同间隔时间段内出水量

从图 6.7 中可以看出,在 8 min 及以上完成 550～750 W/m² 线性变化所测出水量与 600 W/m² 稳态运行时已没有差别,此时用 600 W/m² 时均光照下的出水量预测精度足够。8 min 以内完成 $550\sim750$ W/m² 线性变化时系统出水量受电机及水泵过渡及惯性的影响,在 $550\sim750$ W/m² 上升光照下出水量偏离稳态值,这时用 600 W/m² 时均光照下的出水量显然不准确。

对于实际运行中的光伏水泵系统,晴天条件下光照强度变化幅值在 8 min 之内很少超过 200 W/m²,且一天之内上下午呈对称分布,上午为光照上升过程,下午为下降过程,对于系统出水量、光照变化造成的影响相互削弱,因此,对于预测和计算小时、天或长期出水量用每小时均值光照值的稳态模型,其预测精度足够。

6.2 光照分布概率模型及系统出水量

6.1 对光伏水泵短时系统动态特性进行了研究,从长期来看,光伏系统还具有长期动态供水不稳定的特点,即供水的可靠性问题。

光伏系统供电可靠性方面,许多研究人员使用失负荷概率(Loss of Load Probability,LOLP 或 Loss of Power Supply Probability,LPSP)作为评价指标来评价供电可靠性。LOLP 定义为系统停电时间与供电总时间的比值。对于光伏水泵系统,采用同样的方式,将缺水的时间与用水总时间的比值作为供水可靠性指标。目前文献[2,3]用来评价可靠性的光照及发电量均来自某段时间内特定的光照及发电量,即所采用的检验样本单一。这种做法,一方面特定时间段内的数据过于具体而不能体现出普遍特点,另一方面该时间段内的数据不能用来预测未来的趋势,因此这种方式存在一定的局限性。

通过上节的分析可知,对于预测和计算一天或长期出水量用稳态模型精度足够,但是用每小时的光照数据来计算和预测出水量不仅数据量大,而且只有很少地区具备逐时辐射记录的条件。因此,本节首先将一天中的逐时光照标准化,以便用天为基本时间单位代替,然后通过统计规律建立光照分布的概率模型,并对各分布下系统出水量进行试验标定。

6.2.1 光照分布的概率模型

第 3 章建立稳态模型时采用的逐时光照数据为多年相同时间的平均值,本节采用与第 3 章相同的站点,选取 1996 年至 2005 年间每年 3—5 月期间光照强度作为研究对象,将每天的光照作为独立的样本。

① 对逐时光照以天为单位进行折合,将每天光照随时间变化的函数进行统一,光照时长 10 h,如下:

$$G(t) = G_{\max}\sin\left(\frac{\pi t}{10}\right) \qquad 0 \leqslant t \leqslant 10 \tag{6-1}$$

式中,$G_{\max}$为光照峰值,作为变量,用于表征每天的光照辐射量差别。用第 3 章(36.61°N,97.49°W)站点各年每天光照总辐射值等于式(6-1)全天积分,即

$$W = \int_0^{10} G(t)\,\mathrm{d}t = \int_0^{10} G_{\max}\sin\left(\frac{\pi t}{10}\right)\mathrm{d}t \tag{6-2}$$

② 反求出 $G_{\max}$,即用式(6-1)代表该天的辐射分布。统计 $G_{\max}$,其频率直方图如图 6.8 所示。由图可以看出峰值光照 $G_{\max}$ 集中分布在 $600\sim1\,000$ W/m² 之间,最高值为 $1\,150$ W/m²。

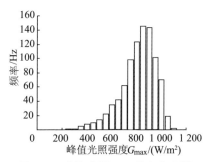

图 6.8 峰值光照 $G_{\max}$ 频率直方图

③ 为寻找其符合的概率分布,引入 $G'_{\max}$ 作为中间量,使之

$$G'_{\max} = 1\,150 - G_{\max} \tag{6-3}$$

此时 $G'_{\max}$ 的频率分布直方图与 $G_{\max}$ 的相反,如图 6.9 所示,该频率分布接近 Γ 分布。故将该频率分布在 Matlab 中用 gamfit 函数进行判定,结果符合 Γ 分布,即 $G'_{\max}\sim\Gamma(\alpha,\beta)$。

当 (α,β) 取 $(5.3,56.4)$ 时,$G'_{\max}$ 与 $\Gamma(5.3,56.4)$ 的判定系数最大,为 0.982。$\Gamma(5.3,56.4)$ 的概率密度函数如图 4.9 中点画线所示。因此,可记为 $G'_{\max}\sim\Gamma(5.3,56.4)$。

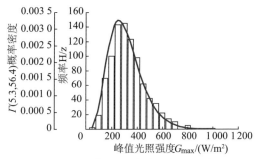

图 6.9 $G'_{\max}$ 频率直方图与 Γ 分布

通过上述方法,将所选时段内每天中的逐时光照用 G_{max} 标准化,以便于用天为基本时间单位,并通过使用中间变量 G'_{max} 建立了光照分布的概率密度模型。

6.2.2 全天出水量的试验标定

6.2.1通过标准化峰值光照 G_{max},得到式(6-1)所示的关系式。本节对不同峰值光照下系统的全天出水量进行试验标定。

对系统各光照下的稳态出水量进行测试,试验台及管路特性与上节相同。试验得到了不同光照下泵的流量,如图 6.10 所示,扬水阈值在 100 W/m^2 左右。

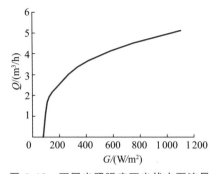

图 6.10 不同光照强度下光伏水泵流量

此处将使用式(6-1)及式(6-2)得到的光照分布分为 $100 \sim 1\,100$ W/m^2 不同峰值光照 G_{max} 的光照分布曲线。图 6.11 给出了试验中所用的 $100 \sim 1\,100$ W/m^2 光照分布,峰值光照间隔 100 W/m^2,共 11 组。

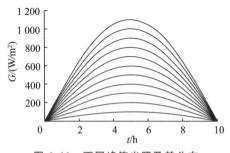

图 6.11 不同峰值光照及其分布

分别将各 G_{max} 下的光照分布曲线导入 Chroma 光伏阵列模拟器。由上节可知,光照变化梯度在大于 8 min 时间间隔内变化时与稳态出水量相同。因此,为缩短试验周期,每组试验方案时间可按比例缩减到 1 h,即以 1 h 代替10 h。每组测出累计出水量后再乘以 10,得到该峰值光照分布下的全天出水量。

各峰值光照分布下累计出水量如图 6.12 所示。由图可知,峰值光照与全天累计出水量的关系与图 6.10 中不同光照强度下光伏水泵流量相似:高光照(高峰值光照)下水泵流量(累计出水量)近似呈正比;在较低光照水平下呈较复杂的非线性关系。

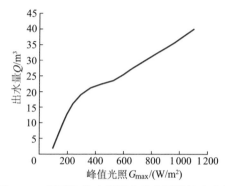

图 6.12 不同峰值光照下光伏水泵累计出水量

由图 6.12 所得出的峰值光照与累计出水量之间的关系,中间数值采用插值得到,这样完成对不同峰值光照下全天出水量的标定,建立起峰值光照与全天出水量的关系,从而可以直接用峰值光照与对应的出水量表征该天的输出特征。

6.3 光伏水泵供水可靠性

光伏系统供电可靠性指标 $LOLP$ 定义为缺电的小时数与供电时间的比值。在光伏水泵系统中一般用水箱或水池来储存水以取代蓄电,因此用缺水的天数与供水总天数的比值更为适合。系统运行抽水和用水存在两个状态:

① 当抽水量大于需水量时,抽出的水将累计储存在水箱中,当抽水量大于需水量且累计储水量超过水箱体积时将导致弃水或弃电。

② 当需水量大于抽水量时,储存在水箱中的水将用来补充用水,当需水量大于抽水量且储存在水箱中的水量无法满足需水量时,此时处于缺水状态。

将 $V(t)$ 记为第 t 天结束时储水箱内剩余水体积,$Q_p(t)$ 为第 t 天抽水体积,$Q_D(t)$ 为第 t 天需水体积,则有

$$\begin{cases} V(t) = V(t-1) + Q_p(t-1) - Q_D(t) & 0 \leqslant V(t) \leqslant V \\ V(t) = V & V(t) \geqslant V \end{cases} \quad (6\text{-}4)$$

当处于第二个状态时，即 $V(t)<0$，则记为一次 LWS（Loss of Water Supply，LWS），以 T 为运行总天数，则有

$$LOLP = \frac{\sum_{t=1}^{T} LWS(t)}{T} \tag{6-5}$$

根据以上简述及分析可知，在光伏水泵系统中，主要存在 4 个影响供水可靠性的因素，即光伏电池阵列功率 P、日需水量 Q_D、储水箱体积 V 和光照长期分布情况 $\Gamma(\alpha,\beta)$。光伏电池阵列功率 P 与日需水量 Q_D 对系统供水的影响作用相同，因此可选择其中一个来研究。本节使用上节中的光伏水泵系统数据及建立的光照分布概率模型对日需水量 Q_D、储水箱体积 V 及光照长期分布情况 $\Gamma(\alpha,\beta)$ 这 3 个影响因素进行研究。

6.3.1 日需水量及储水箱体积对 $LOLP$ 的影响

日需水量 Q_D 代表每天的能量需求，需水量过大或系统功率过小很容易导致供水不足，可靠性差；需水量过小或功率过大则可能导致弃电和弃水现象，造成浪费；储水箱用来暂时储存水，可起到缓冲供水不稳定性的作用，储水箱体积的选取如果偏大，则浪费材料及空间；偏小则起不到缓冲作用，系统稳定性不足，或导致弃电和弃水现象，因此选择合适的日需水量及储水箱尺寸是成本和稳定性的综合考虑。

本节在光照概率分布参数不变的情况下，对不同日需水量 Q_D 及储水箱体积 V 对供水可靠性的影响进行分析，以期给出在已知光照概率分布参数下储水箱体积 V 及日需水量 Q_D 的合适范围。

首先在 Matlab 中利用伽马分布随机数生成函数 gamrnd 生成 10 组服从 $\Gamma(5.3,56.4)$ 的随机数 G'_{max} 序列，每组 90 个连续数据，使用多组随机数是为了减小每组随机误差。

然后利用式(6-3)转化为随机数峰值光照 G_{max} 序列，则每组 90 个连续数据转化成了连续 90 天的峰值光照 G_{max} 分布；给出日需水量 Q_D 以及储水箱体积 V。

最后通过图 6.12 不同峰值光照 G_{max} 下光伏水泵全天出水量关系，结合抽蓄水的两个状态及式(6-4)和式(6-5)的 $LOLP$ 的计算方法计算出每组的 $LOLP$ 值，并对这 10 组 $LOLP$ 值取平均。

$LOLP$ 的值在 0 到 1 之间，数值越小则可靠性越高。通常情况下，一般用途的光伏系统只要可靠性指标 $LOLP$ 达到 10^{-2} 的数量级即可。通过初步计算，当需水量 Q_D 处于 G_{max} 平均值附近 29～31 m³ 时，处于给定光照分布下系统供水可靠性取值的临界状态。在每个 Q_D 取值下再分别使储水箱体积 V 等于此时 Q_D 的倍数，得出需水量 Q_D 和储水箱体积 V 组合下光伏水泵供水可靠性

LOLP 的变化,如图 6.13 所示。

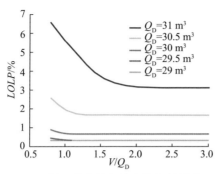

图 6.13　不同日需水量与储水箱体积下的 *LOLP*

从图 6.13 中给出的不同日需水量 Q_D 与储水箱体积 V 下的 *LOLP* 可以看出,随着日需水量的减小,供水可靠性 *LOLP* 不断提高;当 Q_D 为 30 m³ 时,*LOLP* 值已经小于 1‰,可满足绝大部分天数的供水;继续降低需水量 Q_D,*LOLP* 的值变化很小,但弃水和弃电情况增多;从每个需水量 Q_D 下蓄水体积 V 来看,随着体积 V 的增大,其缓冲作用使可靠性有所提高,但当体积 V 大于 1.8~2 倍的需水量 Q_D 时,体积 V 对 *LOLP* 已经无影响。

6.3.2　概率密度参数对 *LOLP* 的影响

6.2 节中给出的 G'_{max} 服从伽马分布,其概率密度函数的参数为 α 和 β,即 $\Gamma(\alpha,\beta)$,根据伽马分布的特点,其期望和标准差为

$$E(X) = \alpha\beta \tag{6-6}$$

$$\sigma = \sqrt{D(X)} = \sqrt{\alpha\beta^2} \tag{6-7}$$

G'_{max} 概率密度函数中期望 $E(X)$ 代表光照分布的平均水平,标准差 σ 或方差 $D(X)$ 代表光照分布波动情况。一般来说,方差越大,光照分布不稳定性就越高。本节在保证光照均值不变的情况下,对参数 α 和 β 与供水可靠性 *LOLP* 的关系及其影响进行分析。

选择日需水量 Q_D 为 29~31 m³,储水体积 V 为日需水量 Q_D 的 2 倍,以排除体积 V 的影响。在保证期望 $E(X)$ 不变的情况下,改变参数 α 和 β 来改变方差 $D(X)$。得到 8 组参数组合:(20,14.9),(15,19.8),(10,29.8),(8,37.25),(6,49.6),(4,74.5),(3,99.3),(2,149),所对应的的标准差分别为 66.6 W/m²,76.6 W/m²,94.2 W/m²,105.3 W/m²,121.5 W/m²,149 W/m²,172 W/m²,210.7 W/m²。仍采用上节计算 *LOLP* 的方法,对这 8 组概率密度

参数及日需水量下的 *LOLP* 进行计算,结果如图 6.14 所示。

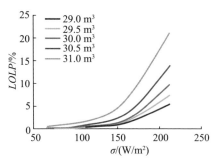

图 6.14　不同标准差下 *LOLP* 的变化

　　由图 6.14 可以看出,不同需水量下 *LOLP* 值均随标准差 σ 的增大而增大,即可靠性变低,这与预想一致。光照分布的波动越大,供水就越不稳定;光照峰值 G'_{max} 分布波动程度主要集中在 $E(X)\pm\sigma$,当需水量较低时,其标准差可以有大的变化范围,这样当光照长期波动很大时也具有很高的可靠性,在光照不稳定地区或用水需求较高的场合可通过这样的数据处理及显示来设计光伏系统。

　　值得注意的是,标准差 σ 在 150 W/m² 以内各流量下的 *LOLP* 值变化很小,在 5% 以内,亦即说,当光照峰值 G'_{max} 分布波动程度主要集中在 $E(X)\pm$ 150 W/m² 时,可靠性指标 *LOLP* 对于日需水量的敏感程度较低,系统配置时具有较宽松的设计范围,因此当光照峰值 G'_{max} 分布标准差为 150 W/m² 以内时,可按照峰值光照的平均值来设计光伏系统。

参考文献

[1] Swamy C, Singh B, Singh B P. Dynamic performance of a permanent magnet brushless DC motor powered by a PV array for water pumping [J]. Solar Energy Materials and Solar Cells, 1995, 36(5):187 - 200.

[2] Arab A, Chenlo F, Benghanem M. Loss-of-load probability of photovoltaic water pumping systems[J]. Solar Energy, 2004, 76(3): 713 - 723.

[3] Yahia B, Amar H A, Boubekeur A. Optimal sizing of photovoltaic pumping system with water tank storage using LPSP concept[J]. Solar Energy, 2011, 85(12):288 - 294.

⑦

光伏水泵内部流动数值模拟

随着 CFD 技术的发展,数值模拟无疑已成为揭示泵内部流动规律最好的工具。但光照辐射强度的不断变化导致光伏水泵转速的不稳定性,因而使得传统的水泵内流 CFD 计算方法不能直接用于光伏水泵的内流模拟。

为解决上述问题,本章采用 Matlab/Simulink 建立光伏电池板、控制器、逆变器、电机和泵等组件的仿真模型,对瞬变太阳辐射强度条件下的系统进行仿真,从而得到泵转速以及流量的变化曲线,并将该曲线拟合成函数作为光伏水泵内流 CFD 模拟计算的边界条件,从而实现动态条件下光伏水泵的内流模拟和分析。

7.1 光伏水泵动态特性仿真

7.1.1 光伏水泵系统组件建模

(1) 光伏电池板

太阳辐射强度和温度变化时的光伏电池板输出电压 U 和电流 I 的关系为

$$I = I_{sc}\left[1 - C_1(e^{\frac{U-\Delta U}{C_2 U_{oc}}} - 1)\right] + \Delta I \tag{7-1}$$

式中,
$$C_1 = (1 - I_m/I_{sc})e^{-\frac{U_m}{C_2 U_{oc}}}$$
$$C_2 = (U_m/U_{oc} - 1)/\ln(1 - I_m/I_{sc})$$
$$\Delta I = \frac{\alpha G \Delta T}{G_{ref}} + \left(\frac{G}{G_{ref}} - 1\right)I_{sc}$$
$$\Delta U = -\beta \Delta T - R_s \Delta I$$

式中,$\Delta T = T - T_{ref}$,T 为太阳能电池的温度,℃;T_{ref} 为参考温度值,25 ℃;G 为太阳的光照强度,W/m²;G_{ref} 为参考太阳辐射强度,1 000 W/m²;I_{sc} 为短路

电流,I_m 为最大功率点电流,A;U_oc 为开路电压,U_m 为最大功率点电压,V;α 为参考光照条件下电流温度系数,A/℃;β 为参考光照条件下电压温度系数,V/℃;R_s 为光伏阵列的电阻,Ω。

根据式(7-1)建立光伏电池板的 Simulink 仿真模型,光伏电池板内部环境模型如图 7.1 所示。对光伏电池板进行封装,设置参数的界面如图 7.2 所示。

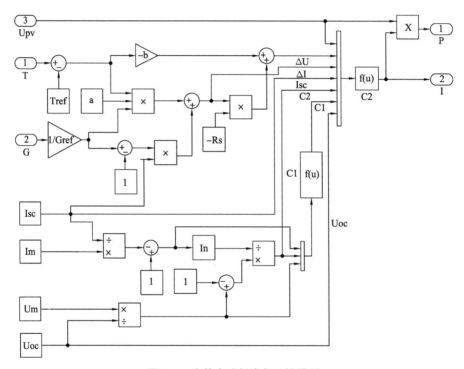

图 7.1 光伏电池板内部环境模型

图 7.2 设置参数的界面

（2）控制器

对光伏水泵系统而言，必须保证系统在任何环境因素下，光伏阵列输出功率始终处于最大状态，这样光伏水泵才能获得最大流量。本书采用原理简单且成本低的扰动观察法作为 MPPT 算法，其 Simulink 模型如图 7.3 所示。

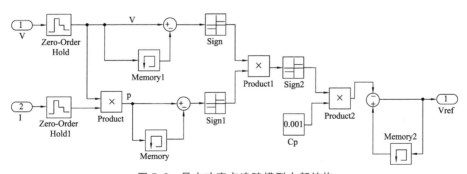

图 7.3 最大功率点追踪模型内部结构

（3）逆变器

本书采用空间矢量脉宽调制方案实现变频控制，建模如图7.4所示。

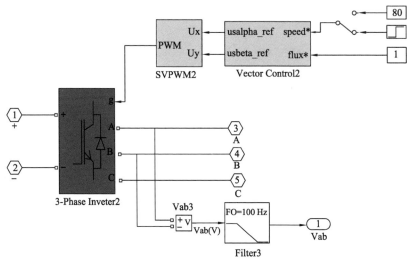

图 7.4　DC-AC 逆变器模块内部结构

（4）电机

本书所采用的电机模型为 Simulink 软件自带的 Asynchronous Machine 模块，模块及电机参数如图7.5所示，电机输入为三相电压和负载扭矩，输出为角速度。

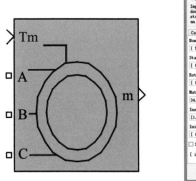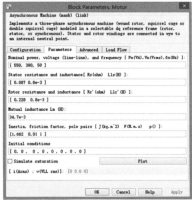

图 7.5　电机模块及其参数设置

（5）光伏水泵及管路

光伏水泵及其管路的模型如图7.6所示，其输入为电机角速度 ω, rad/s;

管路输入为液位高度 H_0 以及泵管路出口高度 H_1，m；扭矩传感器输出的扭矩值 T_r 反馈给电机扭矩输入，N·m；光伏水泵采用 Simulink 软件自带的离心泵模型，在离心泵模块中设置介质密度、转速、流量、扬程和功率，如图 7.7 所示；流量传感器测量泵出口流量 Q，m³/h；压力传感器测量泵进出口的压差，计算得出泵的扬程 H，m。

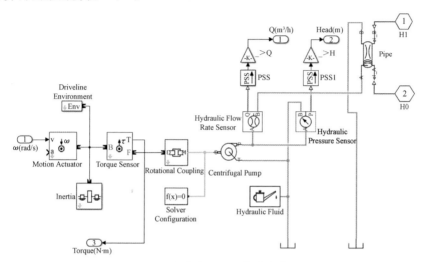

图 7.6　光伏水泵及其管路的模型

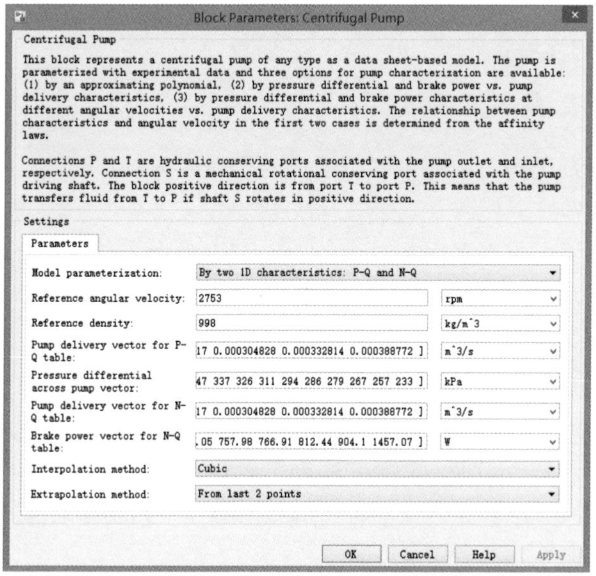

图 7.7　离心泵模块参数设置

（6）光伏水泵系统整体模型

光伏水泵系统各个组件之间进行连接，即光伏电池板—控制器—逆变器—三相异步电机—光伏水泵。光伏水泵系统的整体模型如图7.8所示。

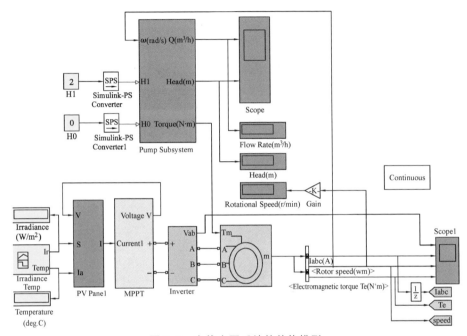

图 7.8　光伏水泵系统的整体模型

7.1.2　仿真参数设置

光伏水泵系统仿真模型中各个组件的参数如下：

（1）光伏阵列参数

参考条件下电流温度系数 $\alpha=0.4$ mA/℃，参考条件下电压温度系数 $\beta=-60$ mV/℃，光伏阵列的电阻 $R_s=2$ Ω，参考温度值 $T_{ref}=25$ ℃，参考太阳辐射强度 $G_{ref}=1\ 000$ W/m²，短路电流 $I_{sc}=1.877$ A，最大功率点处的电流 $I_m=1.852$ A，开路电压 $U_{oc}=580.02$ V，最大功率点处的电压 $U_m=540$ V。

（2）电机参数

额定功率 $P_n=550$ W，线电压 $V_n=380$ V，频率 $f_n=50$ Hz，转动惯量 $J=0.000\ 75$ kg·m²，摩擦系数 $F=0.005$，极对数 $p=1$，初始转差 $S=0.082\ 04$。

（3）泵系统参数

参考转速 $n=2\ 753$ r/min，流体密度 $\rho=1\ 000$ kg/m³，高度 $H_0=0$ m，高

度 $H_1 = 2.37$ m,泵管路出口与自由液面高度差 $H_{st} = H_1 - H_0 = 2.37$ m,不同工况下扬程和效率如下：

$$\begin{bmatrix} 流量\ Q(\text{m}^3/\text{s}) \\ 压差\ \Delta p(\text{kPa}) \\ 功率\ P(\text{W}) \end{bmatrix} = \begin{bmatrix} 2.22 \times 10^{-4} & 4.44 \times 10^{-4} & 6.67 \times 10^{-4} & 8.89 \times 10^{-4} & 1.11 \times 10^{-3} & 1.33 \times 10^{-3} \\ 337 & 326 & 311 & 294 & 273 & 257 \\ 664.2 & 691.6 & 726.4 & 737.2 & 762.4 & 886.3 \end{bmatrix}$$

（4）仿真参数

求解方式为离散模式，$T_s = 5e^{-5}$ s，求解算法为 ode23t，变步长求解。

7.1.3 仿真结果验证

为了验证 Simulink 仿真方法稳态计算的可靠性，将仿真预测结果与试验结果进行对比。仿真计算选取 400 W/m²，500 W/m²，600 W/m²，700 W/m²，800 W/m²，900 W/m²，1 000 W/m²，1 100 W/m² 和 1 200 W/m² 共 9 个不同的太阳辐射强度，温度都为 25 ℃。图 7.9 给出了不同太阳辐射强度下泵转速、流量和扬程仿真结果与试验结果对比。

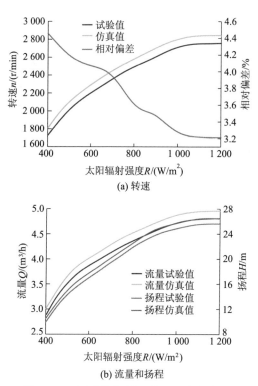

(a) 转速

(b) 流量和扬程

图 7.9　不同太阳辐射强度下泵参数变化

由图 7.9 可以看出,转速、流量和扬程仿真结果与试验结果的变化趋势相同,仿真值均大于试验值,这是由于 Simulink 所建立的模块效率高于实际所采用的对应设备;随着太阳辐射强度的升高,转速逐渐提高,达到 1 100 W/m² 时,转速达到饱和状态,仿真值与试验值的相对偏差逐渐减小,整体相对偏差在 5% 以内,在较高太阳辐射强度条件下的相对偏差较小,相对偏差在3.6% 以内;稳态条件下流量和扬程对应的仿真值与试验值的相对偏差也在 5% 以内。因此,采用的仿真方法稳态计算具有较好的可靠性。

7.2 研究模型及数值模拟方法

7.2.1 模型参数及结构

模型泵叶轮采用极大直径设计法,结构形式为斜切式,导叶采用三维曲面反导叶设计,叶轮和导叶模型如图 7.10 所示。

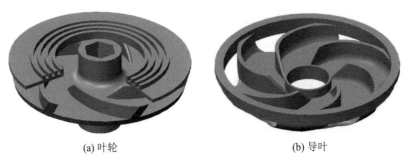

(a) 叶轮   (b) 导叶

图 7.10 叶轮和导叶模型图

7.2.2 三维建模及网格划分

采用三维造型软件 Creo 2.0 对光伏水泵系统模型泵的流体计算域进行建模,如图 7.11 所示。计算域包括进出口延长段、叶轮水体、腔体和导叶水体,其中进出口延长段为模型泵叶轮进口直径的 4 倍,以保证模型泵进出口流动发展充分。由于模型泵的级数为 6 级,计算时叶轮水体、腔体和导叶水体共6 组。

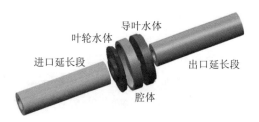

图 7.11 流体计算域三维模型

网格在 CFD 中发挥着重要作用,其质量好坏直接影响模拟计算精度和敛散性。采用 ANSYS-ICEM 15.0 对流体计算域进行网格划分,相比四面体网格和混合网格而言,六面体网格具有计算精度高、收敛性好及计算时间短等优点,因此模型泵中叶轮水体、泵腔及进出口延长段的网格均采用六面体网格。由于导叶水体模型较为复杂,六面体结构化网格不能很好地进行拓扑,对导叶水体采用四面体非结构化网格。各部分计算域网格如图 7.12 所示。

(a) 叶轮水体网格　　　　　　　　　(b) 腔体网格

(c) 导叶水体网格　　　　　　　　　(d) 进出口延长段网格

图 7.12 模型泵各流体域网格

7.2.3 网格相关性分析

网格数量的增加会降低计算求解误差,但是考虑到计算机的配置及计算时间,网格数量也不能过多。因此在 CFD 模拟之前,需要对计算域的网格进行相关性分析。

对计算域采用相同的拓扑结构,通过调节网格尺寸,在网格质量大体一致的情况下,选用 0.8 mm,0.9 mm,1.0 mm,1.2 mm 和 1.5 mm 5 个网格尺寸进行网格划分,得到了 5 套不同网格数的网格,基于标准 $k-\varepsilon$ 模型在相同的模拟设置条件下对泵的性能进行预测,以扬程计算结果作为网格相关性的关键性评价指标。表 7.1 为额定流量下网格相关性分析结果。

表 7.1 网格相关性验证

网格划分方案	A	B	C	D	E
网格尺寸/mm	1.5	1.2	1.0	0.9	0.8
网格数量	4 461 073	8 478 876	14 497 576	22 379 684	28 289 037
预测扬程 H/m	25.83	25.94	26.32	26.33	26.33

从表 7.1 可以看出,随着网格数的增加,扬程逐渐上升趋于不变,其中方案 C、方案 D 与方案 E 的扬程计算结果十分接近,方案 C 的扬程预测结果与方案 D 仅相差 0.01 m,相对偏差为 0.04%,网格数再增加对数值模拟计算结果的影响较小,因此兼顾计算机运算速度,提高计算效率,最终确定网格数方案为方案 C。

7.2.4 湍流模型适用性

在数值模拟计算过程中,湍流模型的选取是非常重要的一个环节。不合适的湍流模型可能使计算结果出现较大的偏差。目前工程上应用最广的湍流模型是标准 $k-\varepsilon$ 模型、RNG $k-\varepsilon$ 模型、$k-\omega$ 模型和 SST $k-\omega$ 模型。此处分别采用这 4 种湍流模型对模型泵额定工况下的扬程进行计算,通过与试验值对比选取合适的湍流模型。不同湍流模型下的计算结果和相对偏差如表 7.2 所示。

表 7.2 不同湍流模型额定工况下的计算结果和相对偏差

湍流模型	标准 $k-\varepsilon$	RNG $k-\varepsilon$	$k-\omega$	SST $k-\omega$
扬程/m	26.32	26.27	26.30	26.29
相对偏差/%	-3.59	-3.77	-3.66	-3.70

由表 7.2 可以看出,湍流模型对模型泵扬程预测精度影响较小,采用 RNG $k-\varepsilon$ 模型预测的扬程值与试验值相差最大,相对偏差为 -3.77%;而标准 $k-\varepsilon$ 模型的计算结果与试验结果最为接近,吻合较好,相对偏差为

－3.59％。因此,在模型泵的数值模拟计算过程中采用标准 k-ε 湍流模型。

7.2.5　边界条件设置

采用商用软件 ANSYS-CFX 15.0 对模型泵的内流进行 CFD 数值研究。旋转域包含了 6 组叶轮水体,其余水体为静止域。所有交界面的连接方式均设为一般网格交界面,与叶轮水体连接的交界面设为动静交界面,其余交界面均设为普通连接。壁面边界为无滑移壁面,粗糙度设为 50 μm。进口边界条件采用压力进口,设总压为 1 atm(1 atm＝101 325 Pa),出口给定质量流量。控制方程的对流离散型采用二阶高精度格式(High Resolution Discretization),收敛精度以 10^{-4} 作为评判计算收敛程度的判据之一。

定常计算时,将与叶轮水体连接的交界面设置为冻结转子方式(Frozen Rotor);非定常计算时,将与叶轮水体连接的交界面设置为瞬态动定子-转子方式(Transient Rotor Stator);其余水体域均设为静-静交界面。为了保证各时间步内流体计算的收敛性和准确性,采用定常计算的结果作为非定常计算的初始场。

7.2.6　瞬态计算设置

采用 Matlab/Simulink 对太阳辐射强度瞬态变化下的整体系统进行仿真,得到电机转速和泵出口流量的变化曲线,将其拟合成三次方函数。采用 CEL 用户自定义函数控制模型泵的转速和出口流量边界条件,同时对叶轮轴向力和压力脉动进行实时监测。

根据仿真结果确定从开始瞬态变化到变化后稳定运行所经历的时间,以此作为计算总时间 t_c,对不同太阳辐射强度瞬态变化下的求解取相同的采样频率 f＝2 000 Hz,对应的时间步长 Δt＝t_c/f。以太阳辐射强度在 1 s 内从 400 W/m² 上升到 500 W/m² 瞬态变化为例,转速和流量的仿真曲线及拟合的三次方函数曲线如图 7.13 所示,转速拟合曲线的相关系数为 0.989 2,流量拟合曲线的相关系数为 0.991 4。根据仿真结果拟合的转速 CEL 函数为

$-(1\ 845.59＋480.71(t/1[s])－393.69((t/1[s])\verb|^|2)＋117.52((t/1[s])\verb|^|3))$ [rev min\verb|^|−1]

根据仿真结果拟合的流量 CEL 函数为

$(0.894＋0.233(t/1[s])－0.191((t/1[s])\verb|^|2)＋0.057((t/1[s])\verb|^|3))$ [kg s\verb|^|−1]

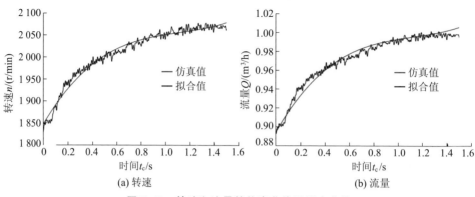

图 7.13　转速和流量的仿真曲线及拟合曲线

不同太阳辐射强度瞬变下转速、流量、时间步长及总时间如表 7.3 所示。

表 7.3　不同太阳辐射强度变化下转速、流量、时间步长及和时间变化

太阳辐射强度变化/（W/m²）	转速变化函数/（r/min）流量变化函数/（kg/s）	时间步长Δt/s	计算时间t_c/s
400～500	转速：$n=1\,845.59+480.71t-393.69t^2+117.52t^3$ 流量：$Q=0.894+0.233t-0.191t^2+0.057t^3$	7.5×10^{-4}	1.5
500～600	转速：$n=2\,080.76+295.07t-84.05t^2-28.64t^3$ 流量：$Q=1.008+0.143t-0.041t^2-0.014t^3$	7.5×10^{-4}	1.5
600～700	转速：$n=2\,264.23+544.23t-560.37t^2+175.31t^3$ 流量：$Q=1.096\,6+0.264t-0.271t^2+0.085t^3$	6.5×10^{-4}	1.3
700～800	转速：$n=2\,439.34+629.63t-846.52t^2+324.24t^3$ 流量：$Q=1.181\,4+0.305t-0.41t^2+0.157t^3$	6×10^{-4}	1.2
800～900	转速：$n=2\,591.38+324.27t-404.41t^2+193.51t^3$ 流量：$Q=1.255\,1+0.157\,1t-0.195\,9t^2+0.093\,72t^3$	5×10^{-4}	1
900～1 000	转速：$n=2\,700.98+145.89t-257.38t^2+171.56t^3$ 流量：$Q=1.308\,1+0.071t-0.125t^2+0.083t^3$	5×10^{-4}	1
400～600	转速：$n=1\,918.71+540.37t-267.83t^2+47.75t^3$ 流量：$Q=0.929+0.262t-0.13t^2+0.023t^3$	7.5×10^{-4}	1.5
600～800	转速：$n=2\,341.07+599.84t-456.41t^2+86.87t^3$ 流量：$Q=1.134+0.291t-0.221t^2+0.042t^3$	6.5×10^{-4}	1.3
800～1 000	转速：$n=2\,591.18+598.53t-874.75t^2+434.17t^3$ 流量：$Q=1.255+0.29t-0.423t^2+0.21t^3$	5×10^{-4}	1
1 000～900	转速：$n=2\,736.43-60.35t+41.21t^2-174.48t^3$ 流量：$Q=1.325-0.029t+0.02t^2-0.085t^3$	5×10^{-4}	1

太阳辐射 强度变化/ （W/m²）	转速变化函数/(r/min) 流量变化函数/(kg/s)	时间 步长 $\Delta t / s$	计算 时间 t_c / s
900～800	转速：$n = 2\ 708.88 - 896.75t + 1\ 087.44t^2 - 378.18t^3$ 流量：$Q = 1.312 - 0.434t + 0.527t^2 - 0.183t^3$	7.5×10^{-4}	1.5
800～700	转速：$n = 2\ 572.99 - 660.68t + 519.18t^2 - 106.71t^3$ 流量：$Q = 1.246 - 0.32t + 0.251t^2 - 0.052t^3$	7.5×10^{-4}	1.5
700～600	转速：$n = 2\ 434.88 - 1\ 007.57t + 1\ 198.86t^2 - 425.17t^3$ 流量：$Q = 1.179 - 0.488t + 0.581t^2 - 0.206t^3$	7.5×10^{-4}	1.5
600～500	转速：$n = 2\ 318.76 - 1\ 390.75t + 1\ 552.61t^2 - 518.82t^3$ 流量：$Q = 1.123 - 0.674t + 0.752t^2 - 0.251t^3$	8×10^{-4}	1.6
500～400	转速：$n = 2\ 146.87 - 1\ 562.35t + 1\ 602.81t^2 - 507.1t^3$ 流量：$Q = 1.039\ 77 - 0.757t + 0.776t^2 - 0.246t^3$	8×10^{-4}	1.6
1 000～800	转速：$n = 2\ 817.76 - 1\ 054.82t + 446.61t^2 + 525.41t^3$ 流量：$Q = 1.365 - 0.511t + 0.216t^2 + 0.254t^3$	5×10^{-4}	1
800～600	转速：$n = 2\ 583.27 - 449.68t - 431.06t^2 + 339.72t^3$ 流量：$Q = 1.251 - 0.218t - 0.208t^2 + 0.165t^3$	8×10^{-4}	1.6
600～400	转速：$n = 2\ 248.9 + 291.79t - 1\ 292.75t^2 + 513.55t^3$ 流量：$Q = 1.089 + 0.141t - 0.626t^2 + 0.249t^3$	9×10^{-4}	1.8

7.3 数值模拟计算结果分析

7.3.1 能量特性计算结果与分析

在转速 $n = 2\ 753$ r/min 下，选取 $0.2Q_d$，$0.4Q_d$，$0.6Q_d$，$0.8Q_d$，$1.0Q_d$，$1.2Q_d$ 和 $1.4Q_d$ 共 7 个不同流量工况点进行定常计算，模型泵能量特性预测结果如图 7.14 所示。

由图 7.14 可知，扬程和效率模拟结果与试验结果趋势一致，扬程都随着流量的增大而逐渐减小，效率都随着流量的增大先增大后减小；在 $1.0Q_d$ 工况，扬程计算值为 26.32 m，扬程偏差 -3.59%，效率计算值为 41.37%，效率偏差 2.37 个百分点；在 $1.2Q_d$ 工况下，扬程计算值为 25.65 m，扬程偏差 -5.19%，效率计算值为 40.76%，效率偏差 2.87 个百分点。因此，所采用的数值模拟计算方法基本可靠。

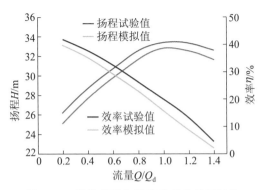

图 7.14　数值模拟与试验外特性结果对比

7.3.2　瞬态数值模拟方法验证

为了验证太阳辐射强度动态变化下模型泵内部数值模拟方法的可靠性，选取太阳辐射强度瞬态变化 $600\sim700$ W/m² 和 $700\sim600$ W/m² 这 2 组不同瞬变方案，对比分析泵出口压力脉动模拟计算结果与试验值。

图 7.15 为 2 组不同太阳辐射强度瞬变下泵出口压力脉动模拟计算结果与试验结果对比。从图中可以看出，太阳辐射强度瞬态变化时，泵出口压力发生显著变化；太阳辐射强度瞬态升高时，泵出口压力先急剧上升再趋于平稳；太阳辐射强度瞬态降低时，泵出口压力变化波动较小；泵出口压力脉动模拟结果与试验值的变化趋势一致。

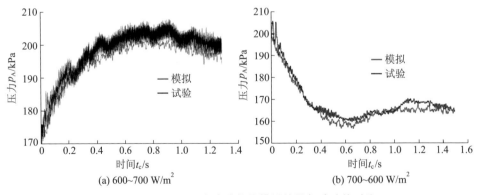

图 7.15　泵出口压力脉动数值模拟结果与试验值对比

为了进一步量化分析泵出口压力脉动模拟值与试验值，对模拟值和试验值进行相对偏差分析，计算得出太阳辐射强度瞬态变化 $600\sim700$ W/m² 和

700～600 W/m² 下压力脉动相对偏差区间范围分别为［1.38％,1.67％］和
［0.93％,1.78％］,泵出口压力脉动模拟结果与试验值的相对偏差均在 2％ 以
内。因此,采用的数值模拟计算方法具有较高的可靠性,可用于太阳辐射强
度瞬变下泵内部流动计算。

7.3.3 内流特性分析

采用的模型泵为多级泵,模型泵的每一级叶轮和导叶模型都相同,且首
级的内流特性与其余几级的内流特性相似,因此对首级叶轮的流动特性、首
级叶轮轴向力和首级流道内监测点的压力脉动进行研究分析。

较高和较低太阳辐射强度下发生瞬变时,系统稳定性及响应时间存在明显
差异,因此本节选取太阳辐射强度瞬态变化 400～500 W/m²,900～1 000 W/m²,
400～600 W/m² 和 800～1 000 W/m² 这 4 种瞬态升高情况,太阳辐射强度瞬
态降低选取 500～400 W/m²,1 000～900 W/m²,600～400 W/m² 和 1 000～
800 W/m² 这 4 种情况,对选取的 8 组瞬变工况进行内部流动结构、轴向力及
压力脉动分析。

选取了模型泵首级叶轮的中间截面作为内流场分析平面,如图 7.16
所示。

图 7.16 模型泵叶轮中间截面示意图

图 7.17 为模型泵在不同太阳辐射强度瞬态变化下首级叶轮中间截面的
相对速度分布云图和流线图。

由图 7.17 可以看出,叶片工作面附近的流体相对速度相对于叶片背面附
近的流速较低,尤其在叶片进口处;太阳辐射强度瞬态升高时,模型泵转速和
流量不断提高,叶片旋转带动流体做功,流体的速度不断增加,叶轮流道内的
流体相对速度增大,但相对速度分布变化较小,这是由于瞬态变化时流量变
化幅度较小,如图 4.12c 所示。

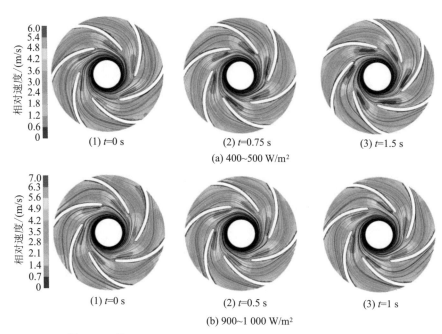

(a) 400~500 W/m²

(b) 900~1 000 W/m²

图 7.17　模型泵首级叶轮中间截面相对速度分布云图与流线图

7.3.4　轴向力分析

图 7.18 为太阳辐射强度瞬态变化下模型泵首级叶轮轴向力。

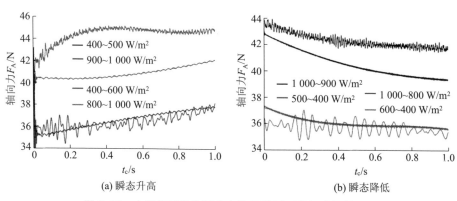

(a) 瞬态升高　　　　　　　　　　　　　(b) 瞬态降低

图 7.18　太阳辐射强度瞬态变化下模型泵首级叶轮轴向力

从图 7.18a 中可以看出,随着太阳辐射强度的增大,首级叶轮的轴向力逐渐增大,原因是太阳辐射强度瞬态升高,光伏水泵电机转速瞬间增大,泵的扬程提高,叶轮前后盖板上及叶轮内部的静压差较大,作用在叶轮前后盖板上的轴向力随之增大;太阳辐射强度瞬态升高梯度为 100 W/(m² · s)时,在较高太阳辐射强度下发生瞬态变化,叶轮轴向力随时间的变化趋于稳定,相邻波峰波谷差值减小,波动幅度小,这是由于光伏水泵系统在较高太阳辐射强度下,随着太阳辐射强度的增大转速几乎呈线性增大,逐渐趋于饱和值,且变化梯度均匀,如图 4.12b 所示;太阳辐射强度从 400 W/m² 瞬变到 500 W/m²时,叶轮轴向力呈明显波动性的上升趋势,轴向力的相邻波峰波谷差值最大约为 2.3 N,波动幅度较大,产生这一现象的原因是光照低于 500 W/m² 时,随着太阳辐射强度的增大光伏水泵电机转速增大较快,如图 4.12b 所示,从而导致太阳辐射强度瞬变 400～500 W/m² 时轴向力波动较大。

由图 7.18b 可知,随着太阳辐射强度的减小,首级叶轮的轴向力逐渐减小,这是由于转速减小,叶轮前后盖板的压力差减小;太阳辐射强度瞬态降低梯度为 100 W/(m² · s)时,瞬态降低 1 000～900 W/m² 的叶轮轴向力随时间变化呈稳定下降趋势,与 500～400 W/m² 变化时的叶轮轴向力相比,相邻波峰波谷差值较小,波动幅度小,而 500～400 W/m² 变化时的叶轮轴向力相邻波峰波谷差值较大,最大约为 2.5 N,其根本原因还是较低太阳辐射强度下转速变化相对较大。

7.3.5 压力脉动分析

为了研究太阳辐射强度瞬变下模型泵内部压力脉动特征,在每一级流道内的相同位置分别布置了 6 个监测点,单级流道内压力脉动 6 个监测点位置如图 7.19 所示。监测点 1,2 和 3 均位于叶轮流道内,监测点 4 位于叶轮和导叶之间的腔体处,监测点 5 位于导叶的进口处,监测点 6 位于导叶流道内。

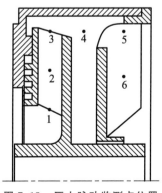

图 7.19 压力脉动监测点位置

图 7.20 为不同太阳辐射强度瞬态升高下模型泵首级 6 个监测点处的压力脉动时域图。

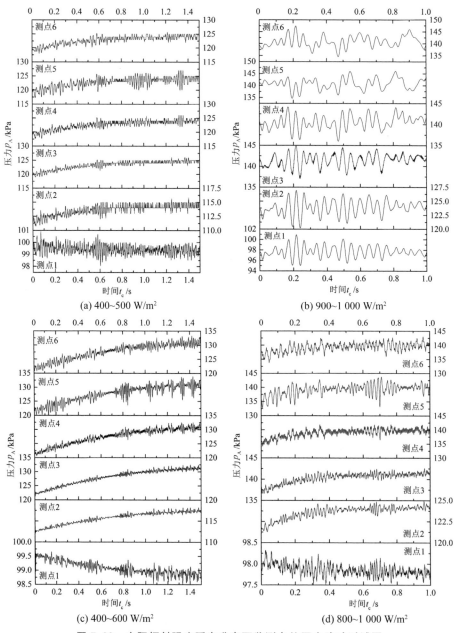

(a) 400~500 W/m²

(b) 900~1 000 W/m²

(c) 400~600 W/m²

(d) 800~1 000 W/m²

图 7.20　太阳辐射强度瞬态升高下监测点处压力脉动时域图

由图 7.20 可知,太阳辐射强度瞬态升高时,叶轮进口处(监测点 1)的压力脉动呈波动性下降趋势,幅值变化较小,其余监测点的压力脉动呈上升趋势,这是由于太阳辐射强度瞬态升高,转速瞬间升高,叶轮进口处流体速度升高,从而导致监测点 1 处压力降低;随着太阳辐射强度的增大,叶轮流道内的压力脉动呈上升趋势,监测点 3 处的压力脉动值高于监测点 2 处的压力脉动值,这是由于监测点 3 处于叶轮半径较大处,从而在同一转速和流量工况下压力值较大;波动幅度是压力脉动相邻波峰与波谷的差值,监测点 5 处的波动幅度大于监测点 6 处的波动幅度,这是由于动静干涉引起的压力脉动信号在向泵出口传递时渐渐衰减。

由图 7.20 还可以看出,太阳辐射强度瞬态升高变化为 400~500 W/m² 时,叶轮和导叶流道内的压力脉动值低于 400~600 W/m² 变化时的压力脉动值,其原因是瞬态变化时的转速变化较小;太阳辐射强度从 900 W/m² 瞬态升高到 1 000 W/m² 时,压力脉动波动幅度较大,最大波动幅度约为 10 kPa,这是由于太阳辐射强度瞬态升高 900~1 000 W/m² 时,泵出口压力脉动响应时间较短,且变化前后压力差值较小(图 4.20a),从而导致流道内压力脉动表现出的非定常特性十分明显;太阳辐射强度从 800 W/m² 瞬态升高到 1 000 W/m² 时,压力脉动波动幅度相对于 900~1 000 W/m² 变化时较小,监测点 4,5,6 处瞬态变化后压力提高了 5 kPa,说明模型泵单级扬程提高较小,与图 4.20a 中瞬态变化前后泵出口压力脉动提高差值相对应。

图 7.21 为不同太阳辐射强度瞬态降低下模型泵首级 6 个监测点处的压力脉动时域图。

由图 7.21 可知,太阳辐射强度瞬态降低时,叶轮进口处(监测点 1)的压力脉动波动上升,其余监测点处的压力脉动表现出下降趋势,这是由于太阳辐射强度瞬态降低,转速瞬间降低,叶轮对流体的做功减小,从而导致监测点 2~6 处的压力升高。

由图 7.21 还可以看出,太阳辐射强度瞬态降低变化为 500~400 W/m² 时,0.8 s 后压力脉动平稳变化;太阳辐射强度从 1 000 W/m² 变化到 900 W/m² 时,压力脉动波动幅度较大,在 135~145 kPa 范围内波动,这一现象产生的可能原因是 1 000~900 W/m² 变化时,转速由饱和值迅速下降,且转速和流量值变化较小,从而导致流道内压力脉动表现出较强的非定常特性;600~400 W/m² 瞬态降低时,响应时间相对于 500~400 W/m² 变化增长了约 1 s,且压力波动幅度较大,尤其是在叶轮和导叶的交界处;光强从 1 000 W/m² 瞬态变化到 800 W/m² 时,压力波动幅度小于 1 000~900 W/m² 变化条件,压力脉动响应时间相对于 600~400 W/m² 变化条件时缩短了 0.8 s。

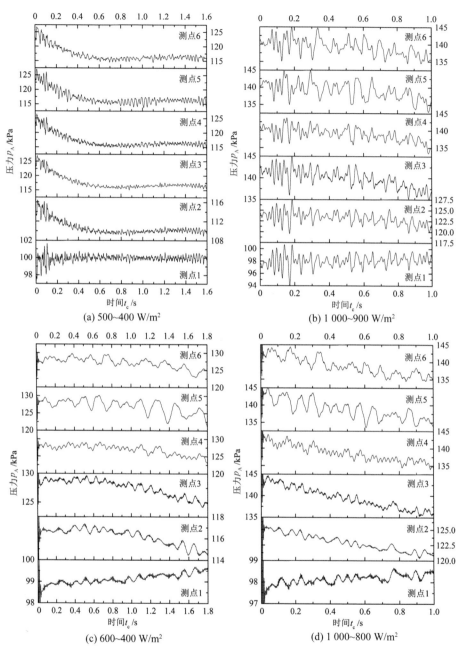

图 7.21　太阳辐射强度瞬态降低下监测点处压力脉动时域图

8 光伏水泵系统性能优化

太阳辐射强度受气候因素的影响逐时发生变化,导致光伏水泵的运行工况一直发生变化,从而使得光伏水泵出口的流量持续变化,这就直接影响了系统的出水量。叶轮作为光伏水泵的核心过流部件之一,对光伏水泵的综合性能起着至关重要的作用。

本章以叶片出口安放角 β_2、叶片出口宽度 b_2、叶轮叶片数 z 和叶轮后盖板直径 $D_{2\min}$ 为优化变量,基于正交试验和数值计算对模型泵的叶轮进行优化,以提高光伏水泵的水力性能及系统的出水量。

8.1 优化方案

8.1.1 优化方案设计

出水量是光伏水泵设计中最为关注的重要指标,通常希望出水量越大越好。叶轮是光伏水泵的核心过流部件,其结构对光伏水泵的综合性能起着至关重要的作用。原模型泵叶轮的主要几何参数如表 8.1 所示。

表 8.1 叶轮主要几何参数

叶轮参数	数值	叶轮参数	数值
叶片数 z	6	叶轮进口直径 D_1/mm	38
叶片进口安放角 $\beta_1/(°)$	28	叶片出口宽度 b_2/mm	6
叶片出口安放角 $\beta_2/(°)$	24.5	叶轮轮毂直径 d_h/mm	18
包角 $\varphi/(°)$	84	前盖板水力圆角半径 R_1/mm	3
叶轮前盖板直径 $D_{2\max}/\mathrm{mm}$	77	后盖板水力圆角半径 R_2/mm	6
叶轮后盖板直径 $D_{2\min}/\mathrm{mm}$	73		

根据叶轮设计经验及叶轮几何参数对性能的影响[1]，选取 β_2（叶片出口安放角）、b_2（叶片出口宽度）、z（叶轮叶片数）、$D_{2\min}$（叶轮后盖板直径）作为优化变量。

应用正交试验建立优化样本，将叶轮几何参数的 4 个因素选取 3 个水平进行正交试验研究，如表 8.2 所示。根据因素与水平数目以及试验工作量合理选取正交表，本试验为 4 个因素 3 个水平，故选用 $L_9(3^4)$ 正交表，4 个因素和 3 个水平合理地分成 9 组试验方案[2]，表头设计如表 8.3 所示。

表 8.2　因素水平

水平	因素			
	A 出口安放角 β_2/(°)	B 出口宽度 b_2/mm	C 叶片数 z	D 后盖板直径 $D_{2\min}$/mm
1	20	6	5	71
2	24.5	7	6	73
3	29	8	7	75

表 8.3　试验方案

试验序号	因素				对应参数			
	A	B	C	D	β_2	b_2	z	$D_{2\min}$
1	A_1	B_1	C_1	D_1	20	6	5	71
2	A_1	B_2	C_2	D_2	20	7	6	73
3	A_1	B_3	C_3	D_3	20	8	7	75
4	A_2	B_1	C_2	D_3	24.5	6	6	75
5	A_2	B_2	C_3	D_1	24.5	7	7	71
6	A_2	B_3	C_1	D_2	24.5	8	5	73
7	A_3	B_1	C_3	D_2	29	6	7	73
8	A_3	B_2	C_1	D_3	29	7	5	75
9	A_3	B_3	C_2	D_1	29	8	6	71

8.1.2　正交试验结果分析

对表 8.3 中的 9 组方案进行数值模拟，数值模拟方法与原模型泵相同，数值模拟过程与优化前定常计算设置相同，即采用相同的网格总体尺寸、湍流模型和边界条件等。数值计算得出 9 组方案分别在 $0.2Q_d$，$0.4Q_d$，$0.6Q_d$，$0.8Q_d$，$1.0Q_d$，$1.2Q_d$ 和 $1.4Q_d$ 共 7 个不同流量工况下的扬程。根据本书 4.4

节所建立的出水量预测模型计算得到 9 组叶轮设计方案的出水量,得出的日均出水量作为正交试验的评价指标,正交试验结果如表 8.4 所示。

表 8.4　各方案预测结果

试验序号	1	2	3	4	5	6	7	8	9
日均出水量/m³	31.25	34.14	35.74	33.72	32.95	34.47	33.13	34.52	34.86

对正交试验得出的出水量结果进行极差分析,结果如表 8.5 所示。表中 K_i,k_i 和 R 的计算公式如下:

$$K_i = \sum_{j=1}^{N_i} y_{i,j} \tag{8-1}$$

$$k_i = \frac{1}{N_i} K_i \tag{8-2}$$

$$R = \max(k_1, k_2, \cdots, k_i) - \min(k_1, k_2, \cdots, k_i) \tag{8-3}$$

式中,$y_{i,j}$ 为不同因素水平号为 i 时的数值;N_i 为总数,此处取值为 3;K_i 表示不同因素水平为 i 的数值之和;k_i 为 K_i 的算术平均值。

表 8.5　不同因素的日均出水量极差分析

	A 出水量/m³	B 出水量/m³	C 出水量/m³	D 出水量/m³
K_1	101.13	98.10	100.24	99.06
K_2	101.14	101.61	102.72	101.74
K_3	102.51	105.07	101.82	103.98
k_1	33.71	32.70	33.41	33.02
k_2	33.71	33.87	34.24	33.91
k_3	34.17	35.02	33.94	34.66
R	0.46	2.32	0.83	1.64

图 8.1 表示因素与出水量指标的直观趋势图,横坐标为不同因素各个水平值,纵坐标为出水量试验指标,取表 8.5 中的平均值 k_i。

由图 8.1 可以看出,因素对日均出水量的影响顺序从大到小依次为 B,D,C,A(b_2,$D_{2\min}$,z,β_2),变化趋势与表 8.5 中的极差分析结果一致;随着 β_2,b_2 和 $D_{2\min}$ 的增大,日均出水量出现递增的趋势,随着 b_2 的增大,日均出水量变化趋势非常明显;而随着叶片数 z 的增大,日均出水量曲线出现明显的拐点,出现这一现象的可能原因是叶轮叶片数 z 由 6 片变为 7 片时,叶片数的增大使得单位时间内对流体做的功增大,扬程得到提高,同时叶片数增大使得排挤现象严重,叶轮流道堵塞,且液流与叶片接触面增大,故功率变大,而光伏阵列的输出功率不足以维持该功率,从而导致泵的转速有所降低,流量减小,最终使得出水量降低。

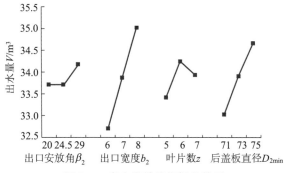

图 8.1　出水量性能指标趋势图

根据性能指标的趋势图变化程度可以判断各因素对出水量的影响主次,从而分析得到优化方案。根据各几何参数对模型泵日均出水量影响的主次顺序可知,最佳组合为 $B_3 D_3 C_2 A_3$,确定最终的优化组合方案为 $A_3 B_3 C_2 D_3$。

因此,优化后叶轮几何参数分别为叶片出口安放角 $\beta_2 = 29°$、叶片出口宽度 $b_2 = 8$ mm、叶片数 $z = 6$、叶轮后盖板直径 $D_{2\min} = 75$ mm。

8.2　试验验证

为了检验叶轮优化后的模型泵和光伏水泵系统的性能,对其进行试验测试。优化后叶轮采用 3D 打印制造,不仅能够减少加工过程,降低成本,还具有较高的精度,降低表面粗糙度。叶轮采用的材质为 ABS 工程塑料,具有较好的抗冲击性。图 8.2 为加工后的叶轮实物图。

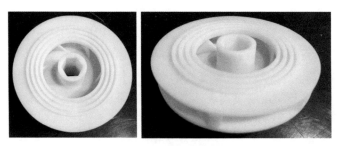

图 8.2　优化后叶轮

8.2.1 优化前后外特性试验对比

图 8.3 给出了优化前后扬程和效率试验结果对比曲线。由图 8.3 可知，优化前后扬程和效率的变化趋势相同，优化后的扬程和效率均有所提高，优化后的扬程和效率在小流量工况下提高较小；设计工况下，优化后的模型泵扬程由 27.3 m 提高到 28.2 m，提高了 0.9 m，效率为 40.54%，相对于原模型泵的效率提高了 1.55 个百分点，在 $1.2Q_d$ 工况下，扬程提高了 0.6 m，效率提高了 0.74 个百分点。

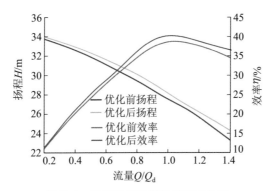

图 8.3 优化前后能量性能试验结果

8.2.2 系统性能对比

为了对优化后的系统性能进行评价，对比不同太阳辐射强度下优化前后泵的流量和扬程。优化后的流量-扬程曲线发生改变，相同阀门开度下，流量发生改变，如图 8.4 所示。

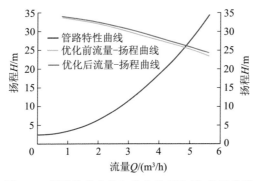

图 8.4 管路特性曲线与优化前后流量-扬程曲线

试验过程中为了保证阀门开度相同,采用曲线拟合的方式求解得到优化后阀门保持在优化前 $1.2Q_d$ 下的流量,优化后泵流量-扬程曲线表示为

$$H=36.78-1.92Q-0.057\,8Q^2 \tag{8-4}$$

试验台的管路特性曲线为

$$H=2.374+1.016\,6Q^2 \tag{8-5}$$

联立式(8-4)和式(8-5)求解得到优化后对应的流量值为 $4.835\,4\ \mathrm{m^3/h}$,调节出口阀门至该流量工况下,试验测得不同太阳辐射强度下优化后泵流量及扬程。图 8.5 为优化前后不同太阳辐射强度下泵流量和扬程对比。

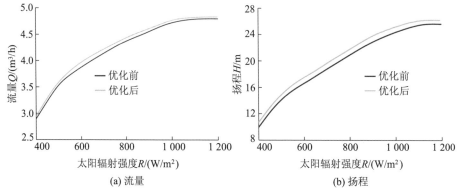

图 8.5　优化前后不同太阳辐射强度下泵性能对比

　　从图 8.5a 中可以看出,优化前后泵流量均随着太阳辐射强度的增大而增大;优化后泵流量在 $1\,000\ \mathrm{W/m^2}$ 太阳辐射强度下接近饱和值,太阳辐射强度达到 $1\,100\ \mathrm{W/m^2}$ 时系统已饱和运行;在较低太阳辐射强度下,优化后泵流量提高得较少,太阳辐射强度 $400\ \mathrm{W/m^2}$ 下仅提高了 $0.047\ \mathrm{m^3/h}$,$500\ \mathrm{W/m^2}$ 下提高了 $0.048\ \mathrm{m^3/h}$;太阳辐射强度在 $600\sim800\ \mathrm{W/m^2}$ 范围内,流量有较大的提高,$600\ \mathrm{W/m^2}$ 下流量提高最大,提高了 $0.103\ \mathrm{m^3/h}$;太阳辐射强度高于 $1\,100\ \mathrm{W/m^2}$ 时,系统饱和运行,流量提高了 $0.035\ \mathrm{m^3/h}$。

　　由图 8.5b 可知,优化后泵扬程也随太阳辐射强度的增大而增大,相同日照辐射强度下,优化后泵扬程有所提高;太阳辐射强度达到 $1\,100\ \mathrm{W/m^2}$ 时,系统已饱和运行,扬程提高了 $0.7\ \mathrm{m}$;太阳辐射强度在 $800\sim1\,000\ \mathrm{W/m^2}$ 范围内,扬程提高了 $0.9\ \mathrm{m}$,随着太阳辐射强度的减小,扬程提高值有所降低,$500\sim400\ \mathrm{W/m^2}$ 范围内,扬程提高 $0.7\ \mathrm{m}$。

　　由上述分析可知,相同太阳辐射强度下,优化后流量和扬程均有所提高,这意味着一天中系统达到既定扬程所需的太阳辐射强度减小,即扬水阈值减

小,经试验测得扬水阈值由优化前的 358 W/m² 变为 335 W/m²,降低幅度为 6.42%,从而导致光伏水泵系统一天内的工作时间变长。

8.2.3 光照瞬变下系统动态特性对比

由本书第 4 章的研究可知,太阳辐射强度瞬变严重影响了系统运行的稳定性,太阳辐射强度瞬态降低梯度为 200 W/(m²·s)时,系统运行稳定性较差。因此,对瞬态降低梯度 200 W/(m²·s)的优化后泵出口压力脉动进行试验,并与优化前的压力脉动变化进行对比,如图 8.6 所示。

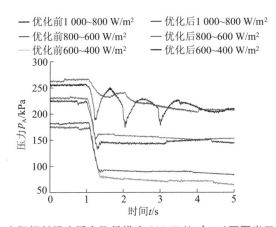

图 8.6 太阳辐射强度瞬态降低梯度 200 W/(m²·s)下泵出口压力脉动

由图 8.6 可知,太阳辐射强度稳定时,优化后的泵出口压力脉动高于优化前,这是由于相同太阳辐射强度下优化后的泵扬程有所提高;太阳辐射强度瞬态降低变化在 800～600 W/m² 和 600～400 W/m² 时,从瞬变初始发生时刻起优化前后泵出口压力脉动持续下降,待太阳辐射强度稳定后泵出口压力脉动平稳变化,且优化前后的泵出口压力脉动变化规律基本一致,优化后的泵出口压力脉动响应时间几乎不变;太阳辐射强度从 1 000 W/m² 变化到 800 W/m² 时,优化后的泵出口压力脉动波动较小,响应时间为 3 s,相对于优化前的响应时间缩短了 14.29%,优化后系统的动态响应特性有了明显提高。

8.2.4 优化前后系统的出水量

为了验证泵叶轮优化后系统出水量提高,对 4 种具有代表性的太阳辐射强度变化下(图 4.21)的出水量进行试验测试,将试验测得的优化后出水量与优化前出水量进行对比,同时利用第 4 章建立的出水量预测模型对优化后的系统出水量进行计算,结果如图 8.7 所示。

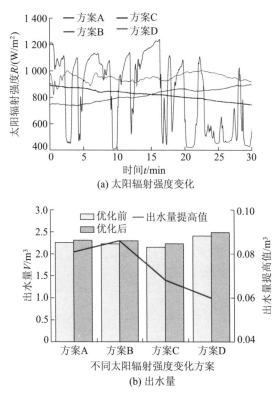

(a) 太阳辐射强度变化

(b) 出水量

图 8.7　不同太阳辐射强度变化下出水量变化

由图 8.7 可知,4 种太阳辐射强度条件下系统优化后的出水量均有所提高;方案 A 和方案 B 的出水量提高得较多,分别提高了 0.081 m³ 和 0.086 m³,这是由于方案 A 和方案 B 的太阳辐射强度变化较为稳定;方案 C 和方案 D 的太阳辐射强度变化稳定性较差,且方案 D 的太阳辐射强度高于 900 W/m²,出水量提高得较少,方案 C 的出水量提高了 0.067 m³,方案 D 的出水量提高了 0.060 m³。

为了便于分析优化前后 4 种太阳辐射强度条件下出水量的变化情况,计算得到优化后出水量提高值相对于优化前出水量所占百分比,如图 8.8 所示。由图 8.8 可知,4 种太阳辐射强度变化条件下,优化后试验测得的出水量分别提高了 3.60%,3.86%,3.11% 和 2.49%,方案 B 对应的出水量相对提高值较大,方案 D 对应的出水量相对提高值较小。

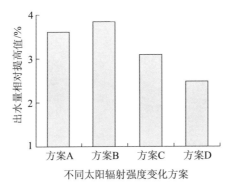

图 8.8 4 种太阳辐射强度变化下出水量相对提高值

试验测得的为 30 min 内太阳辐射强度变化条件下系统出水量,若以系统一天工作 8 h 计算,方案 D 系统日均出水量可提高约 0.96 m³;根据出水量相对提高百分比计算得到优化后的系统日均出水量提高值,优化前系统日均出水量为 35.35 m³,方案 A、方案 B、方案 C 和方案 D 对应的优化后系统日均出水量分别提高了 1.27 m³,1.36 m³,1.10 m³ 和 0.88 m³。

8.3 优化模型数值模拟

为了进一步验证优化方案的可行性,对优化后的模型泵流场进行数值计算,并与原模型泵内流场的模拟结果进行对比。对优化前后首级叶轮中间截面的静压分布和相对速度分布进行对比分析。

(1) 压力云图分布

图 8.9 为优化前后在 $1.0Q_d$ 和 $1.2Q_d$ 工况下首级叶轮中间截面的压力云图。

从图 8.9 中可以看出,两种流量工况下最低静压区均位于叶轮进口,从叶轮进口到叶轮出口,叶轮旋转做功使得动能逐渐转化成压能,压力逐渐增加;叶轮流道内静压分布均匀,且分布趋势相似,优化前后变化规律相同;优化后叶片进口背面的低压区域减小,叶轮出口处的静压增大,对应的模型泵单级扬程增大。

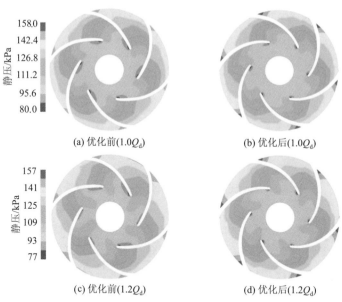

图 8.9　首级叶轮中间截面静压分布

（2）相对速度分布

图 8.10 为优化前后在 $1.0Q_d$ 和 $1.2Q_d$ 工况下首级叶轮中间截面相对速度分布。

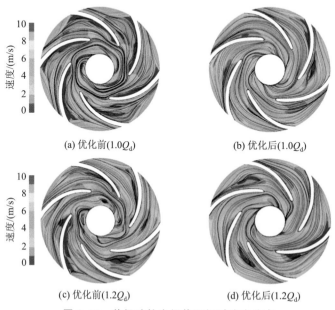

图 8.10　首级叶轮中间截面相对速度分布

　　由图 8.10 可以看出,流体从进水段流入首级叶轮时,叶轮进口处存在明显的低速区;随着叶轮旋转做功,叶片带动流道内流体做功,流体的速度不断增加;叶片工作面附近区域的流体相对速度相对于叶片背面的流速较低,流量从 $1.0Q_d$ 升高到 $1.2Q_d$,叶轮流道内的流体相对速度有所提高;设计工况下,优化前叶轮进口来流不稳定,且在叶片背面附近区域形成较大的涡,优化后的叶轮流道内相对速度分布更为均匀。

参考文献

［1］关醒凡. 现代泵技术手册[M].北京:中国宇航出版社,2011.

［2］Ross P J. Taguchi techniques for quality engineering[M]. New York:Mc-Graw Hill,1988.

9

光伏水泵多工况优化设计

太阳辐射强度会随日、月、阴、晴等天气因素而变化,因此光伏水泵的运行工况点也时刻在发生变化,这就要求光伏水泵具有较宽的高效区,但普通水泵设计只能保证在满足流量、扬程、汽蚀余量以及无过载等条件下,泵设计点的效率最高。因此,对于光伏离心泵不能采用传统设计方法进行设计,必须进行多工况优化设计[1]。

本章建立了基于水力损失计算的光伏离心泵多工况优化设计方法,从而拓宽其高效区范围,最终提高光伏水泵系统的出水量。

9.1 光伏离心泵的全工况性能预测模型

9.1.1 理论扬程

离心泵的理论扬程计算公式[2]:

$$H_t = \frac{u_2}{g}\left(\sigma u_2 - \frac{Q}{\eta_v \pi D_2 b_2 \psi_2 \tan\beta_2}\right) - \frac{u_1 v_{u1}}{g} \tag{9-1}$$

式中,σ 为滑移系数;η_v 为容积效率;D_2 为叶轮出口直径;b_2 为叶轮出口宽度;ψ_2 为叶片出口排挤系数;β_2 为叶片出口安放角;u_1,u_2 分别为叶轮进、出口相对速度;v_{u1} 为进口绝对速度的圆周分量;Q 为泵流量。

对于离心泵,滑移系数的计算公式主要有如下 4 个:

(1) Stodola 公式

$$\sigma = 1 - \frac{\pi}{z}\sin\beta_2$$

(2) Pfleiderer 公式

$$\sigma = \frac{1}{1+P}$$

142

$$P = 2\,\frac{\psi}{z}\,\frac{R_2^2}{R_2^2 - R_1^2}$$

$$\psi = a\left(1 + \frac{\beta_2}{60}\right)$$

式中，a 为与泵结构形式有关的经验系数；R_1，R_2 分别为叶轮进、出口半径。

（3）Weisner 公式

$$\sigma = 1 - \frac{\sqrt{\sin\beta_2}}{z^{0.7}}$$

（4）Stechkin 公式

$$\sigma = \frac{1}{1 + P}$$

$$P = 2\,\frac{\psi}{z}\,\frac{R_2^2}{R_2^2 - R_1^2}$$

$$\psi = \frac{\pi}{3}$$

由文献[3]可知，在比转速低于 65 时，用威斯奈公式计算理论扬程；在比转速高于 65 时，用斯基克钦公式计算理论扬程。

9.1.2 泵内各过流部件水力损失

离心泵内的水力损失主要由吸水室、叶轮和蜗壳等过流部件产生。通过各过流部件的水力损失理论计算公式得到水力损失模型。

（1）吸水室的水力损失

吸水室的水力损失是指叶轮进口前的损失。一般来说，这一部分的水力损失是非常小的，尤其是在设计工况下更小，可忽略不计。

（2）叶轮内的水力损失

叶轮内的水力损失主要包括叶轮进口冲击损失、叶轮流道内的摩擦损失、叶轮内的扩散损失、叶轮内液流由轴向变为径向所产生的水力损失和叶轮出口水力损失[1,3,4]。

① 叶轮进口冲击损失：

$$\Delta h_1 = k_1\,\frac{u_1^2}{g}\left(\frac{Q}{Q_d} - 1\right)^2 \tag{9-2}$$

式中，k_1 为进口冲击损失系数，取 $0.7\sim0.9$；Q_d 为设计工况的流量。

② 叶轮流道内的摩擦损失：

$$\Delta h_2 = z \times \lambda \times \frac{l_a}{D_a} \times \frac{W_a^2}{2g} \tag{9-3}$$

式中，z 为叶片数；λ 为沿程摩擦系数；W_a 为平均相对速度；l_a 为流道水力长度；D_a 为流道平均直径。

上述各参数的计算公式如下：

$$W_a = 1/2(W_1 + W_2)$$

$$l_a = \frac{D_2 - D}{\sin\beta_2 + \sin\beta_1}$$

$$\lambda = [1.74 + 2 \times \lg(D_a/2\delta)]^{-2}$$

$$D_a = \frac{D_2 + D_1}{2}$$

③ 叶轮内的扩散损失或收缩损失：

$$\Delta h_3 = k_3 \times \frac{|W_1^2 - W_2^2|}{2g} \tag{9-4}$$

式中，k_3 取 0.1～0.2。

若叶轮进口相对速度 W_1 小于出口的相对速度 W_2，则叶轮内的扩散损失变为收缩损失。

④ 叶轮进口液流由轴向变为径向产生的水力损失：

$$\Delta h_4 = k_4 \frac{V^2}{2g} = \alpha_4 \frac{8 \times Q_s^2}{\pi^2 g D_e^4} \tag{9-5}$$

式中，D_e 为叶轮进口有效直径；V 为叶轮进口无冲击损失时的速度。

Q_s 为无冲击损失时的流量，计算公式如下：

$$Q_s = \frac{\sigma}{1/(\eta_v u_2 D_2 b_2 \psi_2 \tan\beta_2) + 2/[u_2 D_2 \ln(1 + 2B/D_2)]}$$

式中，σ 为滑移系数；ψ_2 为叶轮出口排挤系数；B 为蜗壳喉部面积的平方根。

⑤ 叶轮出口水力损失：

$$\Delta h_5 = k_5 \frac{v_{m2}^2 + (v_{u2} - v_s)^2}{2g} \tag{9-6}$$

$$k_5 = \frac{B}{\sqrt{\pi D_2 b_2 \psi_2 \sin\beta_2}} \tag{9-7}$$

式中，v_{u2} 为叶轮出口速度圆周分量；v_{m2} 为叶轮出口轴面速度；v_s 为蜗壳喉部平均速度。

（3）蜗壳内的水力损失

由于离心泵压水室的主要结构形式是蜗壳，此处就以蜗壳来说明离心泵压水室中的水力损失。

① 蜗壳流道摩擦损失。蜗壳流道摩擦损失可根据等效圆管损失进行计算，即

$$\Delta h_6 = \lambda \frac{l \times V_{th}}{D \times 2g} \tag{9-8}$$

式中, D 为蜗壳等效圆管直径; l 为蜗壳等效圆管长度; V_{th} 为蜗壳内的平均流速; λ 为摩擦系数。

$$D = \sqrt{\frac{2F_t}{\pi}}$$

$$l = \pi(1 - \varphi_0/360)(D_3 + D)$$

$$\lambda = [1.2 + 2 \times \lg(D/2\delta)]^{-2}$$

式中, D_3, F_t, φ_0, δ 分别为蜗壳基圆直径、喉部面积、隔舌角和表面粗糙度。

② 蜗壳内扩散损失:

$$\Delta h_7 = k_7 \times \frac{(v_{u2}^2 - V_{th}^2)}{2g} \tag{9-9}$$

式中, k_7 取 $0.2 \sim 0.5$。

(4) 总的水力损失

离心泵总的水力损失由叶轮内的水力损失和蜗壳内的水力损失组成,通过上面的分析可得总的水力损失:

$$\Delta H = \sum \Delta h_i = \Delta h_1 + \Delta h_2 + \Delta h_3 + \Delta h_4 + \Delta h_5 + \Delta h_6 + \Delta h_7 \tag{9-10}$$

离心泵的实际扬程:

$$H = H_t - \Delta H \tag{9-11}$$

9.1.3 容积损失

单级离心泵叶轮密封环的泄漏量 q_1 为[1,5]

$$q_1 = \mu f \sqrt{2g\Delta H_m} \tag{9-12}$$

式中, f 为密封环间隙的过流断面面积, $f = 2\pi R_m b$; R_m 为密封环半径; b 为间隙宽度; μ 为间隙的速度系数, $\mu = \dfrac{1}{\sqrt{1 + 0.5\zeta + \dfrac{\lambda l}{2b}}}$; ζ 为圆角系数,一般取

$0.5 \sim 0.9$; λ 为水力阻力系数,一般取 $0.04 \sim 0.06$; l 为间隙长度; ΔH_m 为间隙两端的压差, $n_s \leqslant 100$ 时, $\Delta H_m = 0.6H$, $n_s \geqslant 100$ 时, $\Delta H_m = 0.7H$。

9.1.4 机械损失

填料箱和轴承中的机械摩擦损失 ΔP_1 一般为轴功率的 $1\% \sim 3\%$。

圆盘摩擦损失功率为

$$\Delta P_2 = 1.1 \times 10^{-6} \rho g u_2^3 D_2 (D_2 + 5e) \times 75 \tag{9-13}$$

式中, e 为叶轮盖板的厚度。

轴功率 P 为

$$P = \rho g Q_t H_t + \Delta P_1 + \Delta P_2 = \rho g (Q + q_1) H_t + \Delta P_1 + \Delta P_2 \quad (9\text{-}14)$$

9.1.5　总效率

$$\eta = \frac{\rho g Q H}{P} \quad (9\text{-}15)$$

式(9-11)、式(9-14)和式(9-15)构成了光伏离心泵全工况性能预测模型。

9.2　性能预测模型的验证与修正

9.2.1　全工况性能计算程序开发

根据光伏水泵全工况性能预测模型,采用 Visual C++ 2010 编写光伏水泵全工况的外特性计算程序 ECP.exe,通过在输入文件 input.txt 中写入光伏水泵的基本几何参数及各工况点的流量,计算出对应工况点的扬程和效率,并通过输出文件 output.txt 进行记录和保存。下面是程序输入、计算和输出的部分代码。

(1) 变量输入

```
FILE * fp;
if ((fopen_s(&fp,"input.txt","r"))==NULL)
{   printf_s("Cannot open file. \n");}
fscanf_s(fp,"Q is : %lf, %lf, %lf, %lf, %lf \n", &Q[0], &Q[1],
&Q[2], &Q[3], &Q[4]);
fscanf_s(fp,"ns = %lf\n", &ns);
fscanf_s(fp,"Dh = %lf\n", &Dh);
fscanf_s(fp,"Dj = %lf\n", &Dj);
......
fclose(fp);
```

(2) 计算

```
if(ns>65)
{   sigma=1/(1+2 * pi/3/z * pow(D2/2,2)/(pow(D2/2,2)-pow
(D1/2,2)));}
else
{   sigma=1-sqrt(sin(bet2 * pi/180))/pow(z,0.7);}
```

……

ksi1＝0.8；

for(i＝0；i＜5；i＋＋)

{ delt_h1[i]＝ksi1/g * pow(u1,2) * pow((Q[i]/25)－1,2);}

……

(3) 结果输出

if((fopen_s(＆fp,"output. txt","w"))＝＝NULL)

{printf_s("Cannot open file. \n");}

for(i＝0；i＜5；i＋＋)

{

    fprintf_s(fp,"H%d ＝ %. 2f\n",i,H[i])；

    fprintf_s(fp,"eta%d ＝ %. 2f\n",i,eta[i] * 100)；

    fprintf_s(fp,"\n")；

}

fclose(fp)；

9.2.2 性能预测模型验证

选取一台比转速为 73 的光伏离心泵作为性能预测模型的验证模型,表 9.1 给出了该模型的性能参数和主要几何参数。

表 9.1 光伏水泵基本参数

参数	数值
设计流量 $Q_d/(m^3/h)$	25
扬程 H/m	11
转速 $n/(r/min)$	1 450
比转速 n_s	73
叶轮轮毂直径 d_h/mm	40
叶轮进口直径 D_j/mm	75
叶轮叶片进口直径 D_1/mm	67.5
叶轮出口直径 D_2/mm	207.5
叶轮进口宽度 b_1/mm	18
叶轮出口宽度 b_2/mm	7
叶轮叶片数 z	5
叶片进口安放角 $\beta_1/(°)$	23.6
叶片出口安放角 $\beta_2/(°)$	36

续表

参数	数值
叶片包角 $\varphi/(°)$	170
泵进口直径 D_s/mm	80
泵出口直径 D_d/mm	50
隔舌角 $\varphi_0/(°)$	29
蜗壳进口宽度 b_3/mm	33
蜗壳基圆直径 D_3/mm	220
蜗壳喉部面积 F_t/mm^2	868

全工况性能预测模型中未确定的水力损失系数取值：$k_1=0.15$，$k_2=0.8$，$k_4=0.15$，$k_8=0.35$。口环处的参数取值：$R_m=53$ mm，$b=0.15$ mm，$\xi=0.9$，$\lambda=0.06$，$l=16$ mm。粗糙度都设为 0.05 mm。通过计算得到 $0.4Q_d$，$0.6Q_d$，$0.8Q_d$，$1.0Q_d$ 和 $1.2Q_d$ 五个工况点的扬程和效率，如图 9.1 所示。

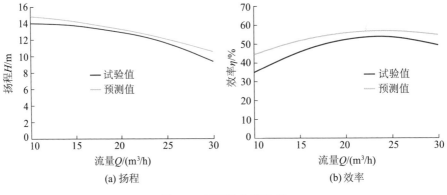

图 9.1　预测值与试验值

从图 9.1 中可以看出，在 $1.0Q_d$ 工况下，预测值和试验值的扬程相对误差为 4.8%，效率相对误差最小，值为 5.8%。在 $0.8Q_d$ 工况下，预测值和试验值的扬程相对误差最小，值为 3.1%，效率相对误差为 7.3%。在 $1.2Q_d$ 工况下，预测值和试验值的扬程相对误差最大，值为 12.6%，效率相对误差为 11.3%。在 $0.4Q_d$ 工况下，预测值和试验值的扬程相对误差为 5.8%，效率相对误差最大，值为 27.1%。

综上所述，在设计点附近，扬程相对误差值在 5% 以内，效率相对误差值在 6% 以内，基于水力损失法的外特性预测是满足工程应用要求的，但对于非设计工况点，预测值和试验值的误差较大，相对误差大于 10%，因此，需要对水力损失模型中的损失系数进行修正。

9.2.3 性能预测模型中的损失系数修正

为了进一步提高外特性计算结果的精度,在水力损失模型各项前面添加修正系数,即把式（9-11）和式(9-14)改成式(9-16)和式(9-17)。

$$H = \xi_0 H_t - \sum_{k=1}^{7} \xi_k \Delta h_k \tag{9-16}$$

$$P = \rho g (Q + \xi_8 q_1)\xi_0 H_t + \xi_9 \Delta P_1 + \xi_{10} \Delta P_2 \tag{9-17}$$

图 9.2 为修正系数优化的流程,具体步骤如下:

① 给各工况下的修正系数赋初值,$\xi_k = 1.0$。

② 采用 Visual C++ 2010 将基于水力损失法的外特性计算公式和修正公式编写成修正系数计算程序 CM.exe。

③ 采用 Isight 平台对修正系数 ξ_k 进行优化,优化算法选择 Pointe 算法,并以各工况下的修正系数 $\xi_k = 1.0$ 及叶轮和蜗壳的几何参数作为初始条件、各工况下的扬程作为约束条件、各个工况下的效率作为优化目标。

④ 若不满足收敛条件,则改变修正系数 ξ_k 的值,重复步骤③,直至满足收敛条件为止。

⑤ 迭代收敛后,将得到一组最优解。

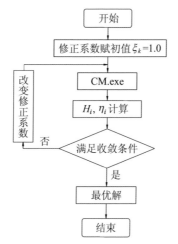

图 9.2　修正系数优化流程图

对 $0.6Q_d$，$0.8Q_d$，$1.0Q_d$ 和 $1.2Q_d$ 四个工况下的水力损失系数进行优化,得到的最优解即为系数修正结果,如表 9.2 所示。从表中可以看出,不同工况点,同一系数的修正结果有所差异。表中的扬程和效率的计算值是通过把修正后的系数重新代入外特性计算程序 ECP. exe 中计算得到的。通过与试验值的对比发现,扬程的计算值与试验值相同,效率的计算值与试验值有所偏差,但误差很小。

表 9.2　系数修正结果

$Q/(\text{m}^3/\text{h})$	$0.6Q_\text{d}$	$0.8Q_\text{d}$	$1.0Q_\text{d}$	$1.2Q_\text{d}$
	15	20	25	30
ξ_0	0.967	0.934	0.924	0.806
ξ_1	1.387	1.119	0.414	1.683
ξ_2	1.111	1.279	0.487	1.103
ξ_3	0.471	0.806	1.252	0.314
ξ_4	1.797	0.850	1.136	0.932
ξ_5	0.787	1.228	1.456	0.594
ξ_6	1.755	0.906	0.882	0.875
ξ_7	0.703	0.786	1.120	0.107
ξ_8	1.788	1.043	0.401	0.116
ξ_9	0.638	0.920	0.763	1.413
ξ_{10}	0.850	0.852	0.811	0.815
扬程计算值 H/m	12.68	11.93	10.69	8.75
效率计算值 $\eta/\%$	45.94	52.48	54.17	49.83
扬程试验值 H/m	12.68	11.93	10.69	8.75
效率试验值 $\eta/\%$	45.95	52.39	54.15	49.81

9.3　光伏水泵多工况优化设计

9.3.1　优化过程

通过对光伏水泵的叶轮几何参数进行多工况优化设计,来拓宽光伏离心泵的高效区。其主要思想是,以已有叶轮各几何参数为初始条件,以多个工况点的扬程值为约束条件,并以这几个工况点的加权平均效率最高为目标,基于 Isight 平台中的优化算法对光伏水泵进行多工况优化求解,得到一组最优的光伏水泵叶轮几何参数。

多工况水力优化的数学模型:

求 $\boldsymbol{x} = [D_2, \beta_2, b_2, z, D_1, \beta_1, b_1, \varphi]^\text{T}$ 使

$$\bar{\eta} = \frac{\sum \eta_i(\boldsymbol{x}) k_i}{\sum k_i} \rightarrow \max \qquad (9\text{-}18)$$

且满足约束条件

$$H_i(\boldsymbol{x}) = c_i \qquad (9\text{-}19)$$

式中, $\boldsymbol{x}$ 为维数为 7 的向量; $\bar{\eta}$ 为各工况点的加权平均效率; i 为各工况点, $i \geqslant 3$; k_i 为各工况点的权重因子; c_i 为各工况点下的扬程值。

9.3.2 高效区范围的确定

由于出水量预测需要知道管路特性曲线(详见 4.4 节),为此结合本章模型泵搭建了如图 9.3 所示的试验台,其中轴功率采用无线扭矩仪进行测量。

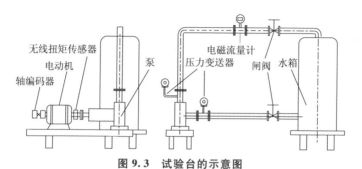

图 9.3 试验台的示意图

根据试验结果建立的出水量预测模型的管路特性曲线可写为下面的形式:

$$H_Z = 3 + 0.006\,2Q^2 \qquad (9\text{-}20)$$

根据试验结果得到不同转速下模型泵流量-扬程的函数关系式如下:

$$H \left(\frac{n_0}{n} \right)^2 = 12.724 + 0.156\,88Q \left(\frac{n_0}{n} \right) - 0.009\,995\,7Q^2 \left(\frac{n_0}{n} \right)^2 \quad (9\text{-}21)$$

式中, n_0 为额定转速。

结合试验得到的不同光照下的泵的转速(图 9.4),根据出水量预测模型得到不同光照强度下的流量,并通过比例定律 $\dfrac{Q}{Q_A} = \dfrac{n}{n_0}$ 换算成额定转速下的相似工况点流量,见表 9.3。

由表 9.3 可知,光伏水泵系统的光照阈值为 228 W/m²,此时光伏水泵系统的出水量为 4.88 m³/h,通过比例定律换算成额定转速下的相似工况点流量为 10.13 m³/h,约为 0.4Q_d;当光照强度超过 966 W/m² 时,光伏水泵运行转速为额定转速,此时光伏水泵系统的出水量为 29.89 m³/h,约为 1.2Q_d。

因此,光伏水泵全天运行的相似工况范围为 $0.4Q_d \sim 1.2Q_d$。

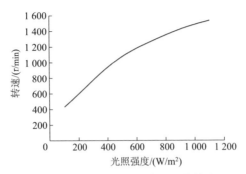

图 9.4　不同光照下光伏水泵的转速

表 9.3　不同光照下的实际流量和相似工况点流量

光照强度/(W/m²)	实际流量/(m³/h)	相似工况点流量/(m³/h)
1 100	29.89	29.89
1 000	29.89	29.89
966	29.89	29.89
900	28.84	29.68
800	27.07	29.27
700	25.06	28.73
600	22.71	27.95
500	19.81	26.73
400	15.95	24.43
300	10.55	19.22
228	4.88	10.13

9.3.3　权重因子的确定

图 9.5 为 2012 年 10 月 15 日江苏大学所在地的太阳辐射强度变化曲线图。从图 9.5 中可以发现满足光伏水泵系统运行的光照时长(即大于 228 W/m²)共计约为 9.5 h。太阳辐射强度在 800 W/m² 以上的时间约为 5 h,对应的光伏水泵运行等效率工况点流量约为 30 m³/h(1.2Q_d)。太阳辐射强度在 320~800 W/m² 之间的时间约为 3.5 h,对应的光伏水泵运行等效率工况点流量范围为 20~30 m³/h,即 0.8Q_d~1.2Q_d。太阳辐射强度在 228~320 W/m² 之间的时间约为 1 h,对应的光伏水泵运行等效率工况点流量范围为 10~20 m³/h,即 0.4Q_d~0.8Q_d。因此,选择 0.6Q_d,1.0Q_d 和 1.2Q_d 三

个工况点作为多工况优化的工况点。

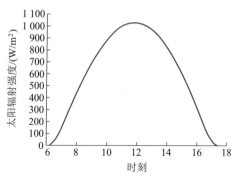

图 9.5　太阳辐射强度变化曲线图

进行多工况优化的最终目标是在相同的光照条件下得到更多的出水量，因此权重因子由各工况下的出水量决定，出水量＝流量×运行时间。假设 Q_i 为各个工况点的流量，t_i 为各个工况点的运行时间，那么各工况点的权重因子的计算公式如下：

$$k_i = \frac{Q_i t_i}{\sum\limits_{i=1}^{3} Q_i t_i} \ (i=1,2,3) \tag{9-22}$$

通过上式可以得到 $0.6Q_d$，$1.0Q_d$ 和 $1.2Q_d$ 的权重因子，计算结果列于表 9.4 中。

表 9.4　权重因子

	$0.6Q_d$	$1.0Q_d$	$1.2Q_d$
流量/(m^3/h)	15	25	30
运行时间/h	1	3.5	5
出水量/m^3	15	100	150
权重因子	0.059	0.347	0.594

9.3.4　叶轮优化参数

叶轮优化参数主要包括叶片进口直径 D_1、叶片进口安放角 β_1、叶片进口宽度 b_1、叶轮出口直径 D_2、叶片出口安放角 β_2、叶轮出口宽度 b_2、叶片数 z 和叶片包角 φ 等 8 个参数。表 9.5 给出了上述 8 个几何参数的初值及允许的变化范围。

表 9.5 几何参数的初值及变化范围

参数	最小值	初值	最大值
D_1/mm	65	67.5	70
D_2/mm	198	207.5	210
$\varphi/(°)$	110	170	200
$\beta_1/(°)$	13.6	23.6	33.6
$\beta_2/(°)$	30	36	42
b_1/mm	16	18	20
b_2/mm	6	7	9
z	4	5	6

9.3.5 优化结果

通过 Isight 优化平台对叶轮几何参数进行多工况优化,以所需优化的几何参数为初始条件,以 $0.6Q_d$,$1.0Q_d$ 和 $1.2Q_d$ 三个工况点的扬程值为约束条件,并以这三个工况点的加权平均效率最高(或加权平均功率最小)为目标,基于 Isight 优化平台中的自适应模拟退火算法(ASA)对光伏水泵进行多工况优化求解,得到一组最优解,如表 9.6 所示。

表 9.6 优化结果

	D_1/mm	D_2/mm	$\varphi/(°)$	$\beta_1/(°)$	$\beta_2/(°)$	b_1/mm	b_2/mm	z
优化前	67.5	207.5	170.0	23.6	36.0	18.0	7.0	5
优化后	65.1	198.0	110.4	33.6	41.6	19.9	8.9	6

从表 9.6 中可以看出,多工况优化后,叶片进口直径 D_1、叶轮出口直径 D_2 和叶片包角 φ 相比于优化前的数值有所减小;叶片进口安放角 β_1、叶片出口安放角 β_2、叶片进口宽度 b_1、叶轮出口宽度 b_2 和叶片数 z 相比于优化前的数值有所增大。

叶片进口直径 D_1 从 67.5 mm 减小到 65.1 mm,减小了 2.4 mm;叶轮出口直径 D_2 从 207.5 mm 减小到 198.0 mm,减小了 9.5 mm;叶片包角 φ 从 170.0°减小到 110.4°,减小了 59.6°。

叶片进口安放角 β_1 从 23.6°增大到 33.6°,增大了 10°;叶片出口安放角 β_2 从 36.0°增大到 41.6°,增大了 5.6°;叶片进口宽度 b_1 从 18.0 mm 增大到 19.9 mm,增大了 1.9 mm;叶轮出口宽度 b_2 从 7.0 mm 增大到 8.9 mm,增大了 1.9 mm;叶片数 z 由 5 叶片变为 6 叶片。

9.4 数值模拟验证

随着计算机技术的飞速发展和计算流体力学（CFD）的发展，以及大型CFD商用软件的大规模应用，流场分析法成为泵性能预测和优化设计的主要方法[6]。因此，此处首先通过数值模拟方法对优化结果进行验证。

9.4.1 三维造型

采用三维造型软件 Pro/E 对优化前的泵内各过流部件进行三维造型，如图9.6所示，计算区域包括半螺旋形吸水室、叶轮流道、蜗壳流道、进出口延长段及前后盖板腔体，其中前盖板腔体通过叶轮进口口环与叶轮进口连接，后盖板腔体与前盖板腔体通过叶轮与蜗壳间的间隙连接。

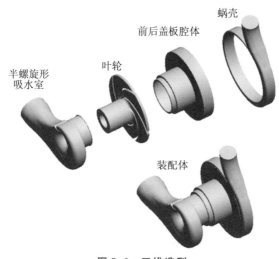

图 9.6 三维造型

9.4.2 网格划分

采用 ICEM-CFD 对各过流部件进行四面体非结构化网格划分，如图9.7所示。由于口环间隙只有 0.3 mm，因此通过 ICEM-CFD 中的局部加密功能对口环处进行局部加密来提高此处的网格质量，如图9.7c所示。为了保证小流量工况计算的收敛性，增加了进出口延长段。

(a) 吸水室

(b) 叶轮

(c) 前后腔体

(d) 蜗壳

图 9.7　网格划分

对设计点进行网格相关性检查,以前后两次预测差值在 1% 以内为评判标准;当前后两次预测差值小于 1%,即认为可忽略网格数的影响。泵扬程的网格数相关性定义如下:

$$\xi = \frac{|H_{\mathrm{m}} - H_{\mathrm{l}}|}{H_{\mathrm{m}}} \times 100\% \tag{9-23}$$

式中,ξ 为网格数相关性百分比;H_{m} 为多网格数扬程预测结果;H_{l} 为少网格数扬程预测结果。

由表 9.7 可知,两套网格的扬程网格数相关性为 0.76%,因此,最终选择网格数为 180 万左右的网格作为计算网格。

表 9.7　网格相关性检查

| 网格数 | | | | | | 计算结果 | 扬程相关性 ξ/% |
吸水室	叶轮	蜗壳	前后腔体	进出口延长段	网格总数	扬程 H/m	
311 224	440 368	439 605	189 851	423 488	1 804 536	10.50	0.76
432 508	653 608	637 283	258 012	503 408	2 484 819	10.58	

9.4.3 计算条件

进口边界条件采用压力进口;出口边界条件采用速度出口;固体壁面采用无滑移壁面(No Slip Wall),scalable 壁面函数,壁面粗糙度设置为 25 μm。

叶轮流道计算域设定为旋转坐标系,转速为 1 450 r/min,前后腔体中与叶轮实体接触的面也设置成旋转面,转速 1 450 r/min;定常计算中动静交界面采用冻结转子模型(Rotor Stator),网格关联为 GGI 方式,非定常计算中动静交界面采用瞬态冻结转子模拟(Transient Rotor Stator)模型,网格关联设置为 GGI 方式;收敛精度设置为 10^{-4}。

离散方程使用全隐式耦合代数多重网格方法进行求解。这种求解技术避免了传统算法需要"假设压力项—求解—修正压力项"反复迭代的过程,能够同时求解动量方程和连续方程,加上其多重网格技术,使得该类方法在 ANSYS-CFX 中具有很高的计算效率且能有效模拟涡轮机械中的漩涡流[7]。

9.4.4 湍流模型的选择

通过计算标准 $k-\varepsilon$、RNG $k-\varepsilon$、$k-\omega$ 和 SST $k-\omega$ 四种湍流模型下的扬程值,来研究湍流模型对计算结果的影响,并通过与试验值的对比来选择计算结果较好的湍流模型。

表 9.8 为不同湍流模型下的扬程预测值,图 9.8 为不同流量下标准 $k-\varepsilon$、RNG $k-\varepsilon$、$k-\omega$ 和 SST$k-\omega$ 四种湍流模型的扬程相对误差值。从表 9.8 中可以看出,不同流量下,两种高 Re 数(标准 $k-\varepsilon$ 和 RNG $k-\varepsilon$)湍流计算模型的结果非常接近,两种低 Re 数($k-\omega$ 和 SST $k-\omega$)湍流计算模型的结果也基本相同。高 Re 数湍流计算模型的结果更接近试验值。

表 9.8 不同湍流模型下的扬程预测值

流量/(m³/h)	标准 $k-\varepsilon$	RNG $k-\varepsilon$	$k-\omega$	SST $k-\omega$	试验值
10	13.57	13.60	14.13	14.13	12.96
15	13.03	13.04	13.42	13.43	12.63
20	12.03	12.04	12.49	12.48	11.93
25	10.50	10.53	11.08	11.07	10.69
30	8.50	8.49	9.24	9.24	8.75

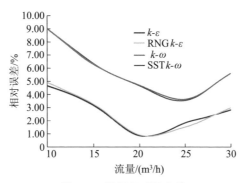

图 9.8　扬程相对误差值

从图 9.8 中可以看出，高 Re 数的湍流计算模型的计算结果与试验值的相对误差值都在 5% 以内，在设计工况点 (25 $\mathrm{m^3/h}$) 附近，相对误差值在 3% 以内；而低 Re 数的湍流计算模型的相对误差值都在 3% 以上，最大相对误差值达到 9%。相比于标准 $k\text{-}\varepsilon$ 模型，RNG $k\text{-}\varepsilon$ 模型可以更好地处理高应变率及流线弯曲程度较大的流动，因此，综合考虑选择 RNG $k\text{-}\varepsilon$ 模型。

9.4.5　优化前后数值计算结果对比

对优化后的叶轮进行三维造型和网格划分，如图 9.9 所示。数值模拟过程与优化前的相同，采用相同的边界条件、离散格式和湍流模型。

图 9.9　优化后叶轮的三维造型与网格划分

优化前后的扬程与效率数值计算结果如图 9.10 所示。从图中可以看出，$0.6Q_d$ 工况下的效率提高了 2.03%，$1.0Q_d$ 工况下的效率提高了 7.14%，$1.2Q_d$ 工况下提高了 12.62%，加权平均效率提高了 10.03%。

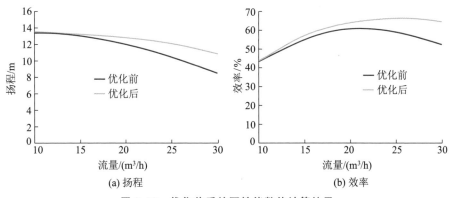

(a) 扬程　　　　　　　　　(b) 效率

图 9.10　优化前后的泵性能数值计算结果

9.5　试验验证

通过数值模拟方法验证了优化结果的可靠性。由于数值模拟得到的效率为水力效率,而不是最终的泵效率,为此加工出优化后的叶轮,并进行外特性试验。优化后的叶轮模型如图 9.11 所示,外特性试验台如图 9.12 所示。

图 9.11　优化后的叶轮模型

图 9.12　外特性试验台

图 9.13 为叶轮优化前后光伏水泵的外特性曲线。通过对比发现,优化后的光伏水泵的高效区明显加宽,尤其是大流量工况下的性能显著提高。在 $1.2Q_d$ 工况下,泵效率提高了 7.44%;在 $1.0Q_d$ 工况下,泵效率提高了 5.04%;在 $0.6Q_d$ 工况下,泵效率提高了 0.51%;加权平均效率提高了 6.24%。

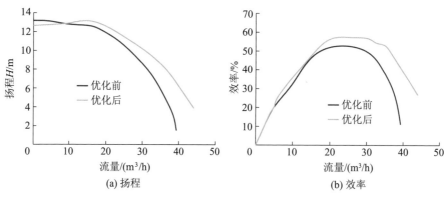

(a) 扬程　　　　　　　　　　　　　　(b) 效率

图 9.13　优化前后的外特性试验结果

9.6　优化前后系统的出水量

泵优化的最终目的是提高在相同光照条件下光伏水泵系统的出水量。优化后,光伏水泵系统其他部件的数学模型不变,光伏离心泵的数学模型变为

$$H\left(\frac{n_0}{n}\right)^2 = 12.376 + 0.170\ 51Q\left(\frac{n_0}{n}\right) - 0.008\ 067\ 4Q^2\left(\frac{n_0}{n}\right)^2 \qquad (9\text{-}24)$$

通过出水量预测模型得到优化前后光伏水泵系统的出水量,如图 9.14 所示。从图中可以看出,优化后各个光照强度下系统出水量均有所增加。光伏水泵系统的扬水光照强度阈值也从 228 W/m² 降至 207 W/m²,这表明在相同光照条件下,泵优化后能增加光伏水泵系统的运行时间和抽水量。下面对 2012 年 10 月 15 日的系统全天出水量进行具体分析。

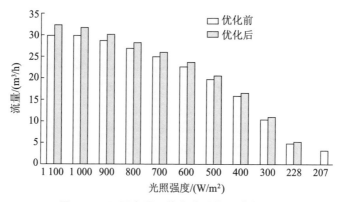

图 9.14　不同光照下优化前后的系统出水量

由表9.9可知,光照强度为207～228 W/m²的太阳光照时长约为0.15 h,该光照强度范围的系统出水量增加了0.65 m³;228～300 W/m²的太阳光照时长约为0.50 h,该光照强度范围的系统出水量增加了0.25 m³;300～400 W/m²的太阳光照时长约为0.70 h,该光照强度范围的系统出水量增加了0.41 m³;400～500 W/m²的太阳光照时长约为0.70 h,该光照强度范围的系统出水量增加了0.55 m³;500～600 W/m²的太阳光照时长约为0.75 h,该光照强度范围的系统出水量增加了0.71 m³;600～700 W/m²的太阳光照时长约为0.85 h,该光照强度范围的系统出水量增加了0.92 m³;700～800 W/m²的太阳光照时长约为0.95 h,该光照强度范围的系统出水量增加了1.13 m³;800～900 W/m²的太阳光照时长约为1.15 h,该光照强度范围的系统出水量增加了1.51 m³;900～1 000 W/m²的太阳光照时长约为1.70 h,该光照强度范围的系统出水量增加了2.82 m³;1 000～1 100 W/m²的太阳光照时长约为2.20 h,该光照强度范围的系统出水量增加了4.88 m³。

表 9.9 优化前后各光照范围的系统出水量分布

光照强度/ (W/m²)	优化前平均 流量/(m³/h)	优化后平均 流量/(m³/h)	时间/ h	优化前出 水量/m³	优化后出 水量/m³
207～228	0.00	4.37	0.15	0.00	0.65
228～300	7.72	8.21	0.50	3.86	4.11
300～400	13.25	13.85	0.70	9.28	9.69
400～500	17.88	18.67	0.70	12.52	13.07
500～600	21.26	22.21	0.75	15.95	16.66
600～700	23.89	24.97	0.85	20.30	21.22
700～800	26.07	27.26	0.95	24.77	25.90
800～900	27.96	29.27	1.15	32.15	33.66
900～1000	29.37	31.03	1.70	49.92	52.74
1 000～1 100	29.89	32.11	2.20	65.77	70.65

泵优化后,光伏水泵系统全天的运行时间从9.5 h增加到9.65 h,增加了0.15 h。泵优化后,光伏水泵系统的全天出水总量从234.52 m³增加到248.35 m³,增加了5.9%。

参考文献

[1]王凯. 离心泵多工况水力优化设计方法及其应用[D]. 镇江:江苏大学,2011.

［2］Pfleiderer C. 叶片泵与透平压缩机［M］. 奚启棣译. 北京：机械工业出版社，1983.

［3］谈明高. 离心泵能量性能预测的研究［D］. 镇江：江苏大学，2008.

［4］陈乃祥，吴玉林. 离心泵［M］. 北京：机械工业出版社，2003.

［5］关醒凡. 现代泵理论与设计［M］. 北京：中国宇航出版社，2011.

［6］Byskov R K, Jacobsen C B, Pedersen N. Flow in a centrifugal pump impeller at design and off-design conditions—Part Ⅱ：Large eddy simulations［J］. Journal of Fluids Engineering，2003，125(1)：73 - 83.

［7］Raw M. Robustness of coupled algebraic multigrid for the Navier-Stokes equations ［C］//34th Aerospace and Sciences Meeting and Exhibit，Nevada，USA，1996.